I0473715

www.ingramcontent.com/pod-product-compliance
Lightning Source LLC
Chambersburg PA
CBHW081549170526
45166CB00009B/2640
9781471087998

كتاب إلفا الرياضيات

المستوى الثاني

الطبعة الأولى

٢٠٢١

Copyright © ٢٠٢٠ by illpha publisher

All rights reserved. This book or any portion thereof may not be reproduced or used in any manner whatsoever without the express written permission of the publisher.

First Printing: ٢٠٢١

ISBN: ٩٧٨-١-٤٧١٠-٨٧٩٩-٨

ILLPHA
illphaschool@gmail.com

المقدمة

كتاب إلفا لتعليم الرياضيات للأطفال المستوى الثاني

يحتوي على العديد من التمارين المتنوعة

للأعداد من ١ إلى ٢٠

يتعلم الطفل كيفية كتابة الأرقام (بالحروف والكلمات) والعد ومقارنة الأعداد تم بعد ذالك يتعلم الجمع بطريقة سهلة وممتعة.

إسمي

إسمي

الأعداد

أعد أقرأ ثم أتتبع

١

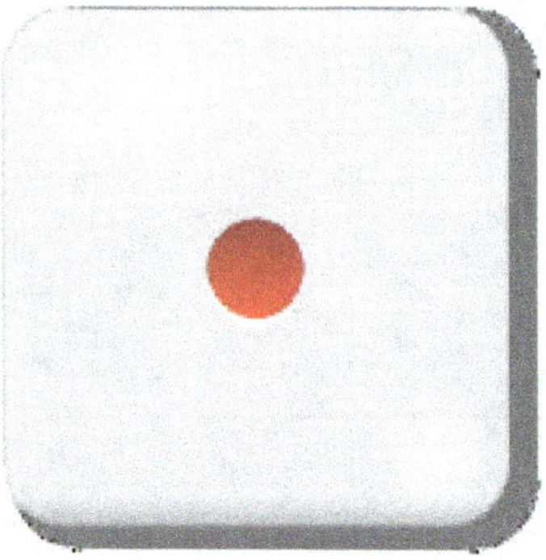

واحد

١	واحد
١	واحد
١	واحد
١	واحد

أعد أقرأ ثم أتتبع

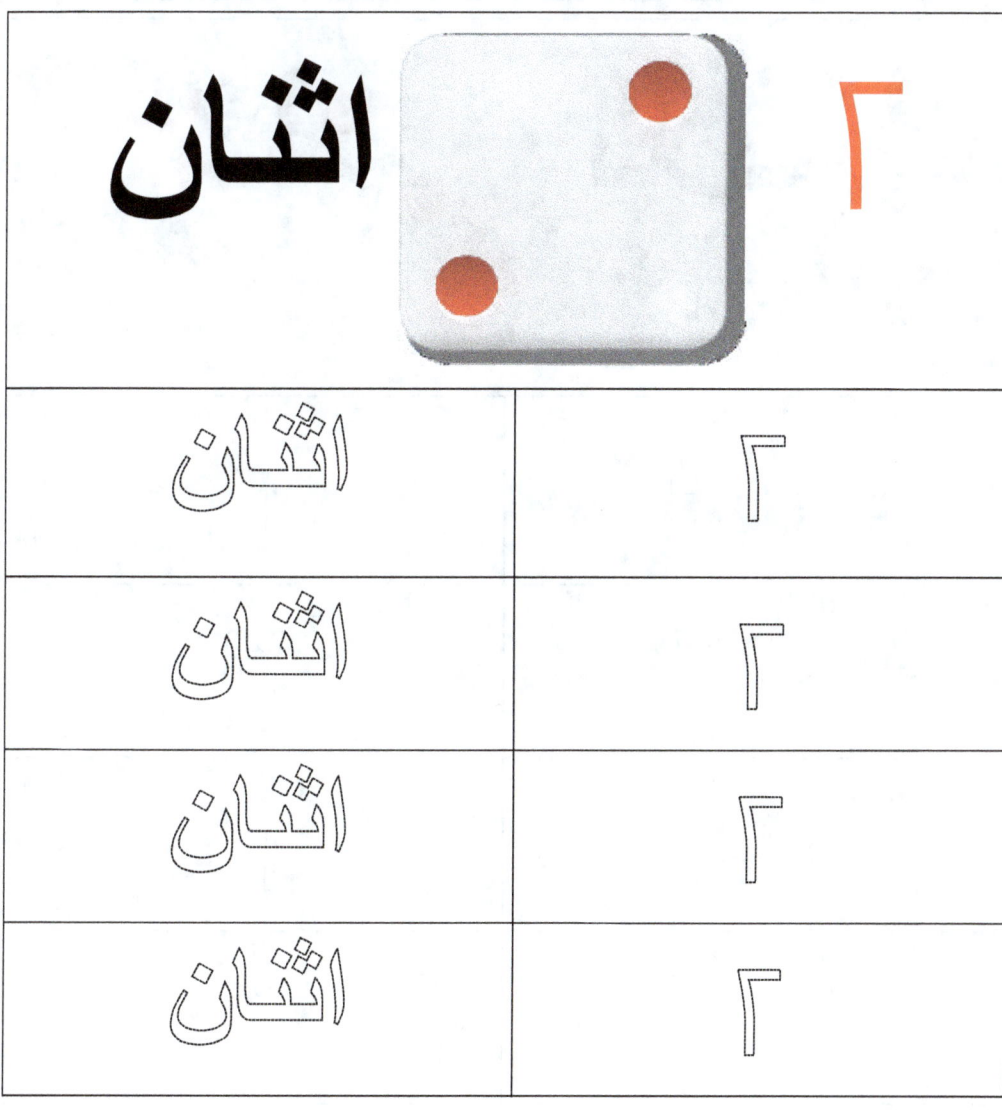

٢	اثان
٢	اثان
٢	اثان
٢	اثان
٢	اثان

أعد أقرأ ثم أتبع

٣		ثلاثة

٣	ثلاثة
٣	ثلاثة
٣	ثلاثة
٣	ثلاثة

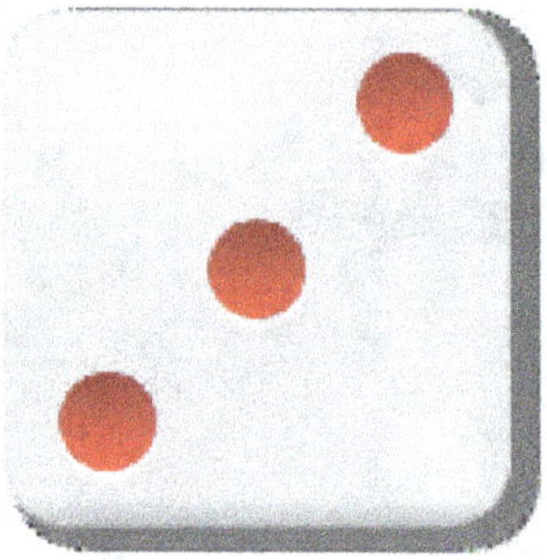

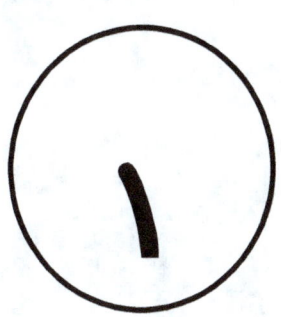

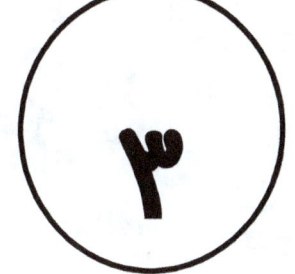

أقرأ ثم أصل بخط

ثلاثة

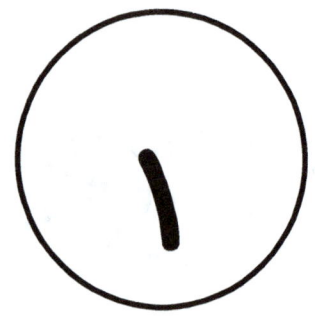

واحد

اثنان

١

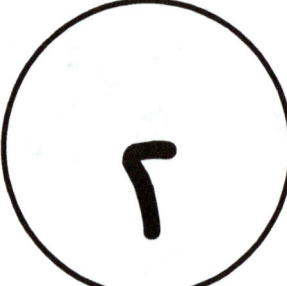

٢

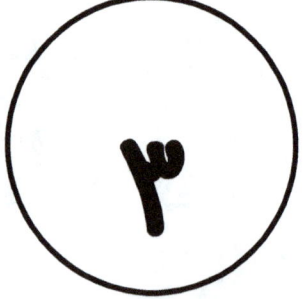

٣

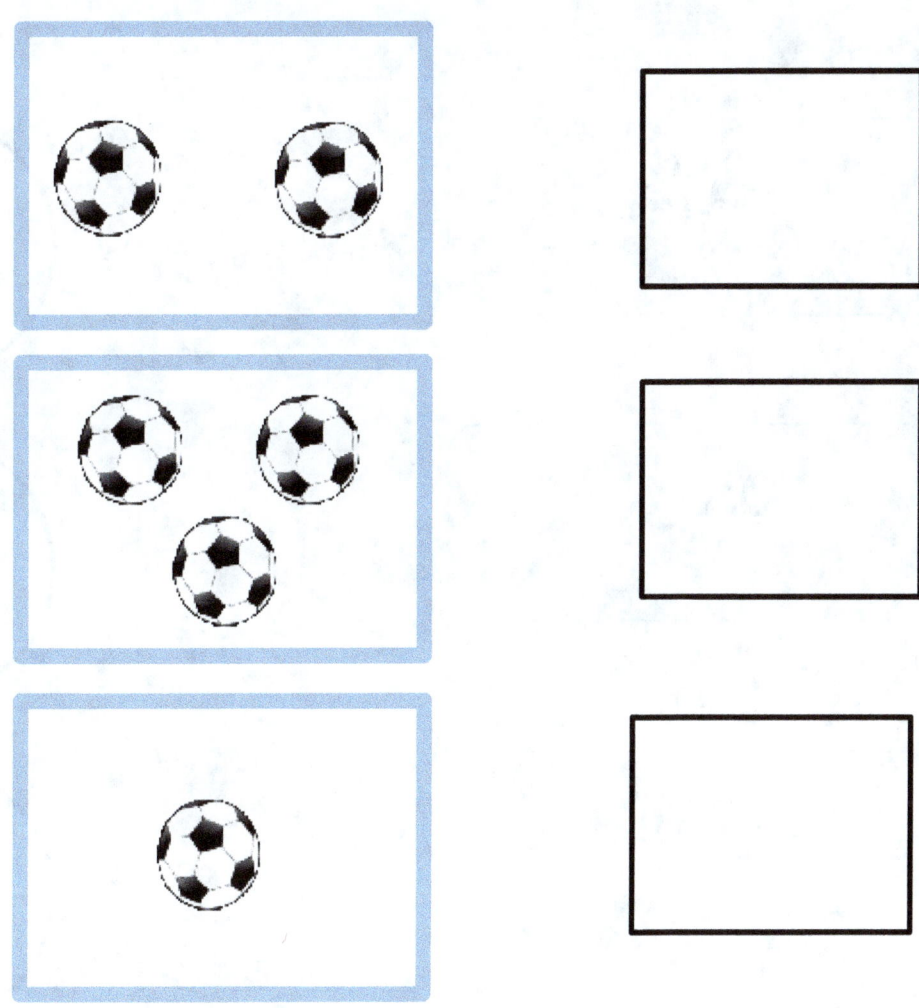

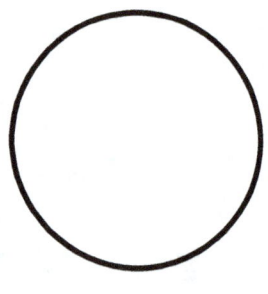

أقرأ ثم أكتب الرقم

ثلاثة

واحد

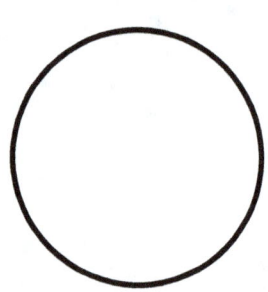

اثنان

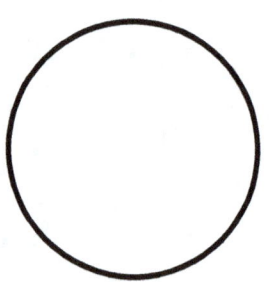

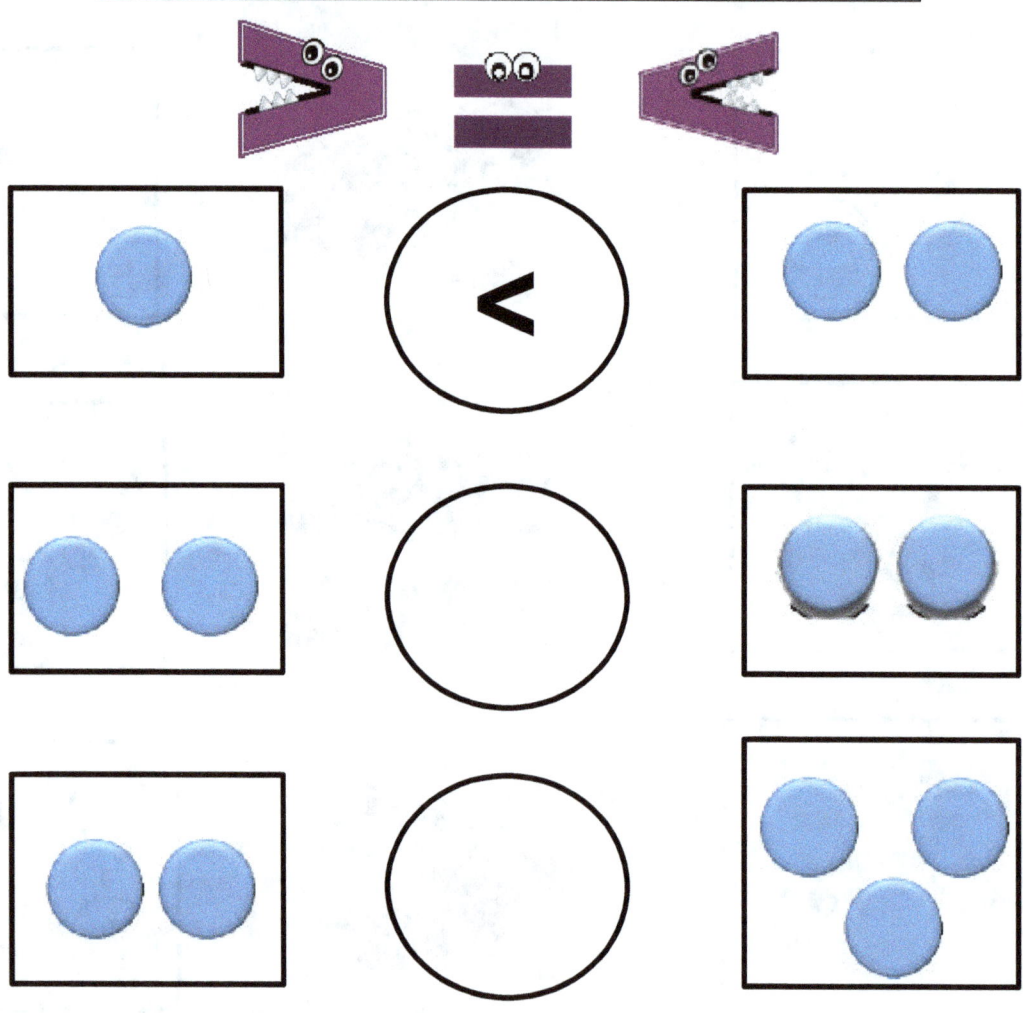

أعد أقرأ ثم أتتبع

٤

أربعة

٤	أربعة
٤	أربعة
٤	أربعة
٤	أربعة

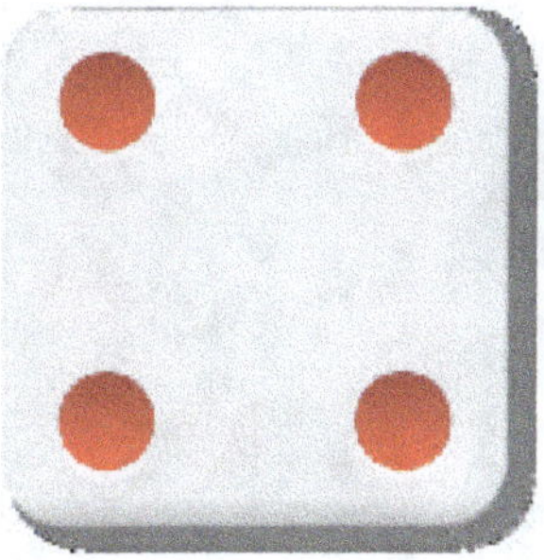

أعد أقرأ ثم أتتبع

٥

خمسة

٥	خمسة
٥	خمسة
٥	خمسة
٥	خمسة

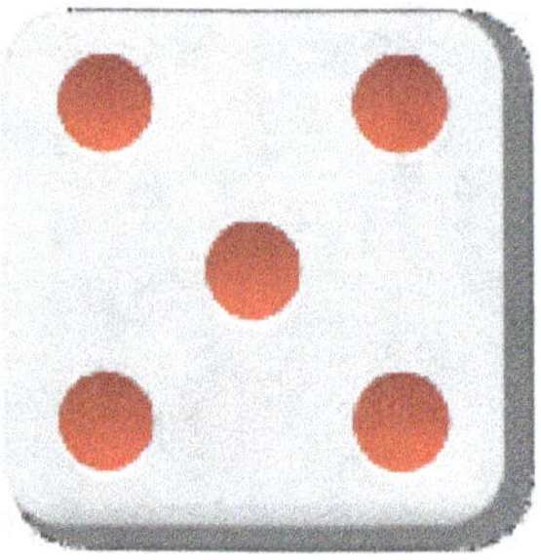

أعد أقرأ ثم أتتبع

٦	ستة
٦	ستة
٦	ستة
٦	ستة
٦	ستة

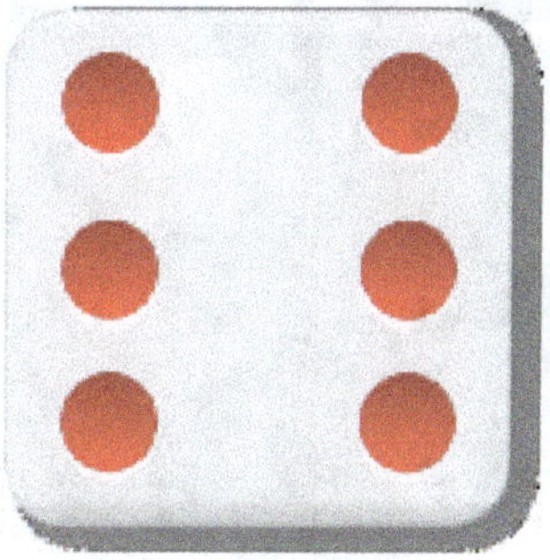

أربعة	٦
خمسة	٤
ستة	٥

أعد ثم أكتب الرقم

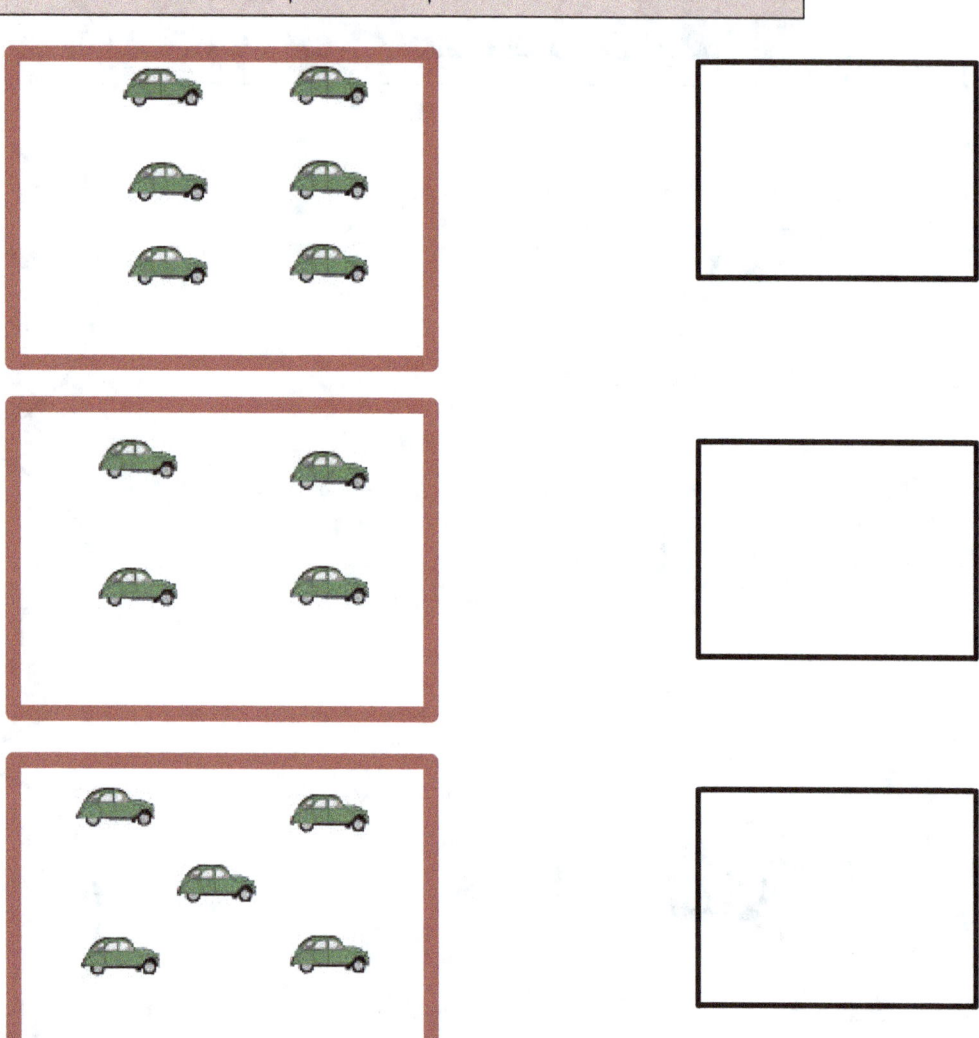

أقرأ ثم أكتب الرقم

أربعة

خمسة

ستة

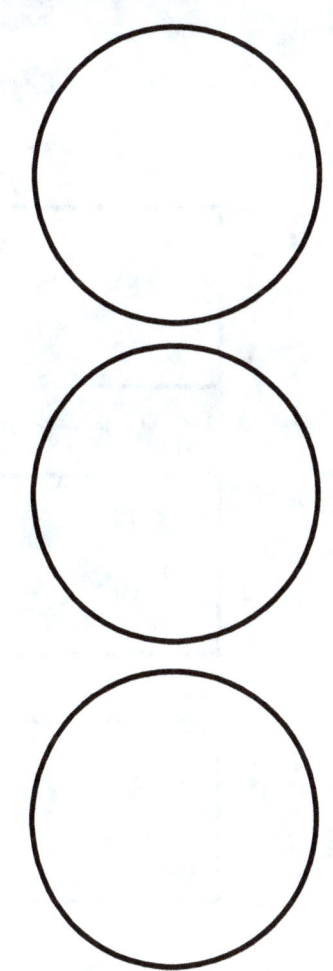

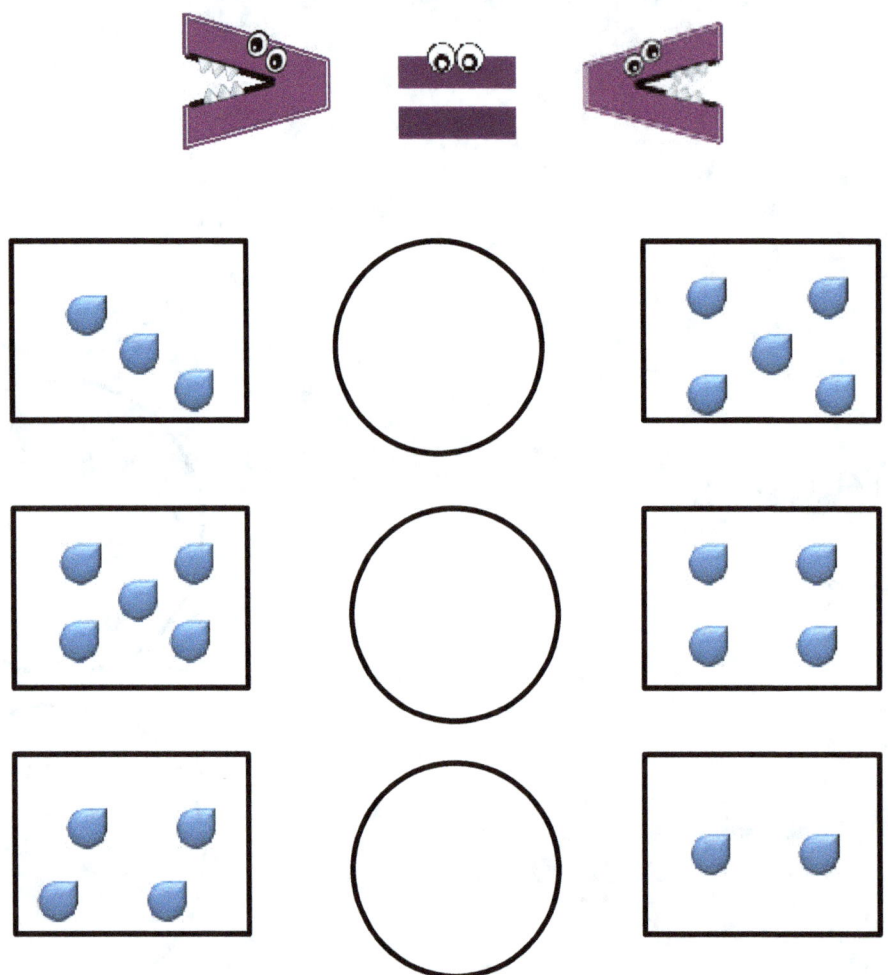

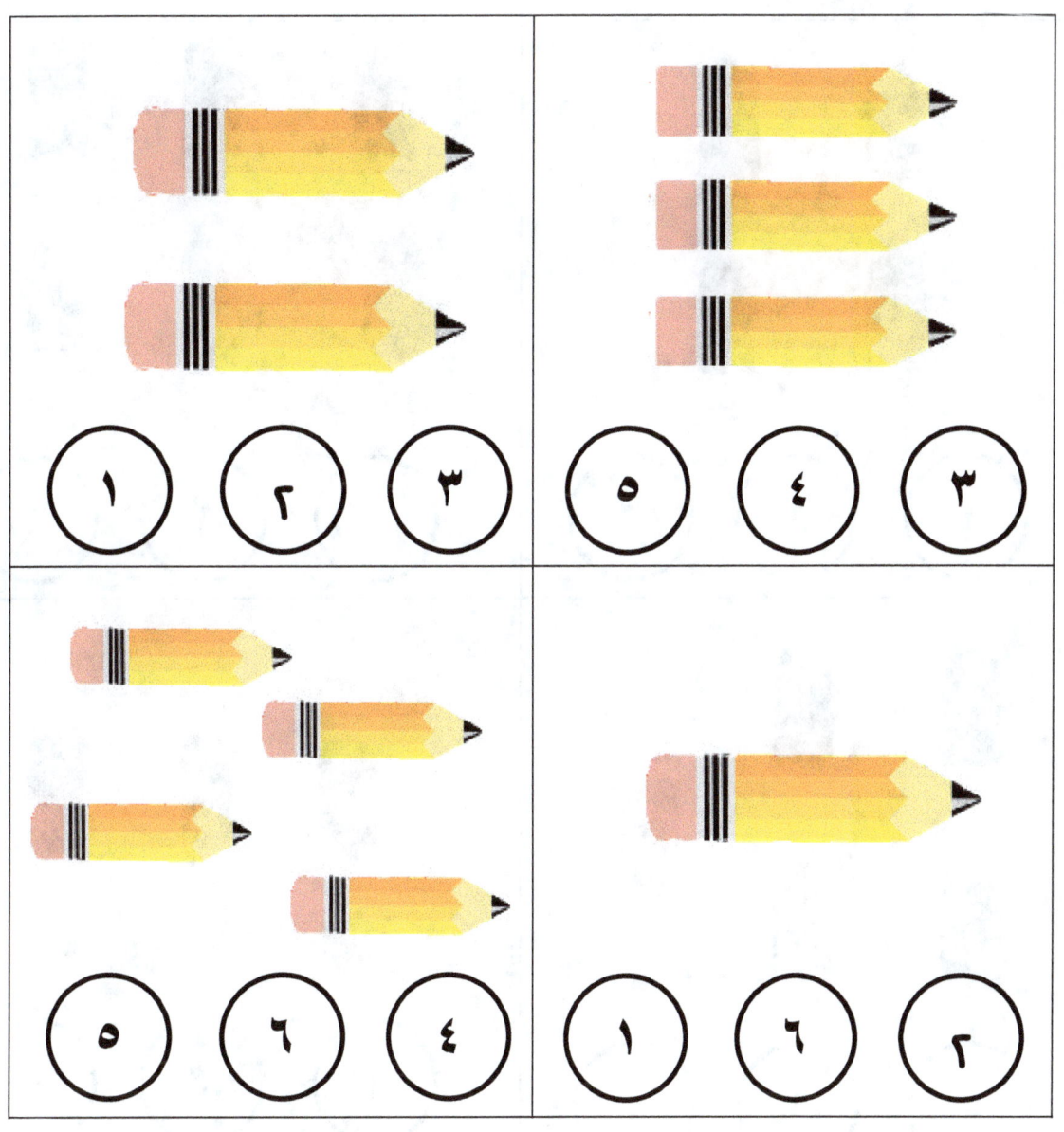

أعد ثم ألون الرقم الصحيح

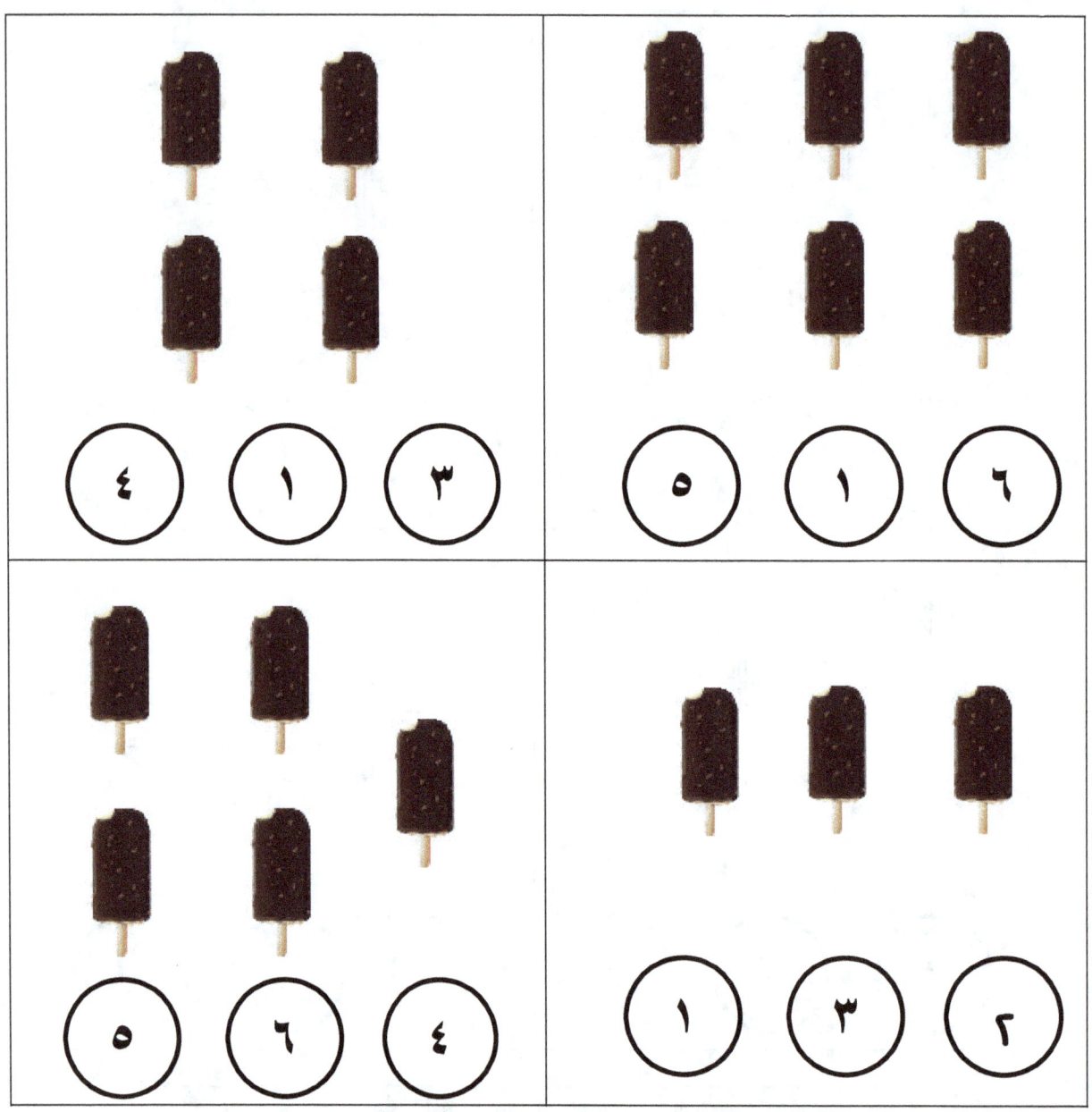

أعد ثم ألون الرقم الصحيح

أقرأ ثم أرسم خط يصل بين الكلمة والعدد الصحيح لها

٢	أربعة
٦	خمسة
١	ستة
٣	اثنان
٥	واحد
٤	ثلاثة

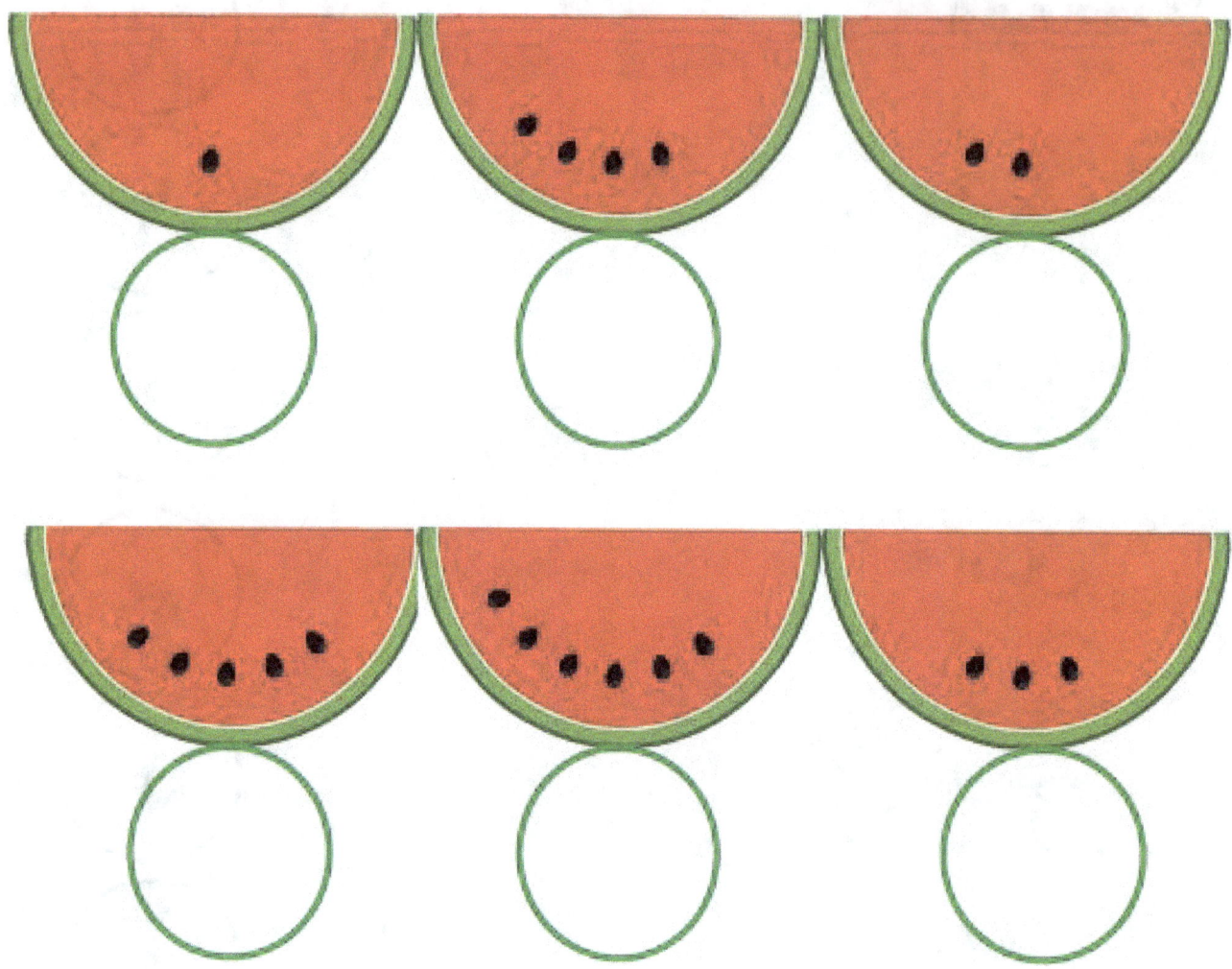

أعد أقرأ ثم أتتبع

٧

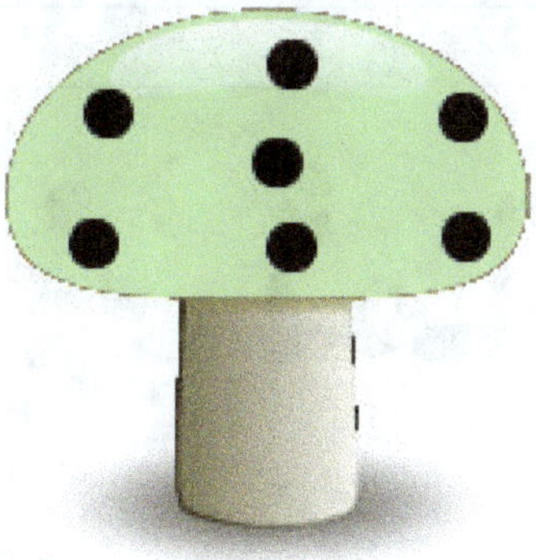

سبعة

٧	سبعة
٧	سبعة
٧	سبعة
٧	سبعة

أعد أقرأ ثم أتتبع

٨

ثمانية

ثمانية	٨
ثمانية	٨
ثمانية	٨
ثمانية	٨

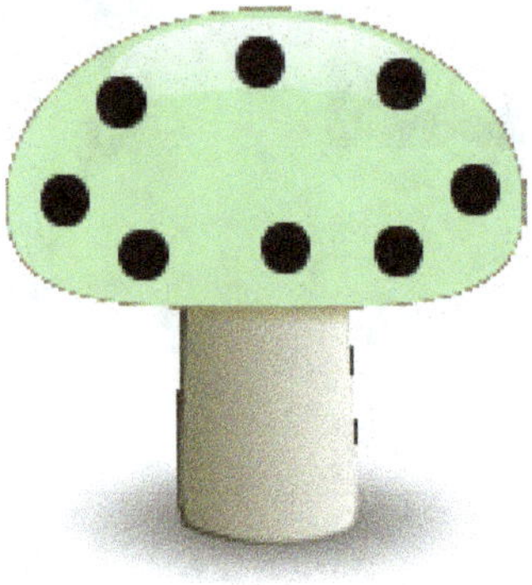

أعد أقرأ ثم أتتبع

٩

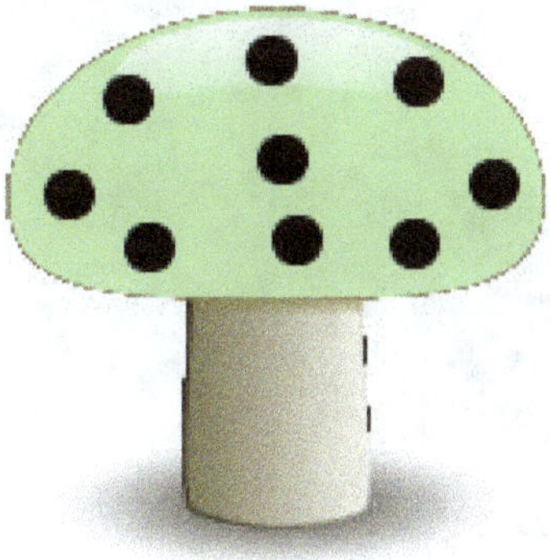

تسعة

٩	تسعة
٩	تسعة
٩	تسعة
٩	تسعة

أعد ثم أرسم خط يصل بين الصورة والعدد الصحيح

٨

٩

٧

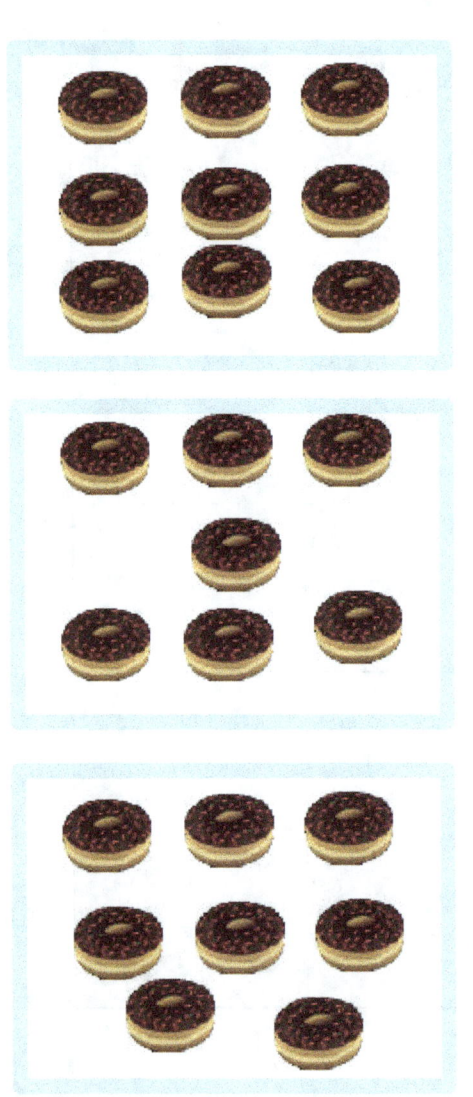

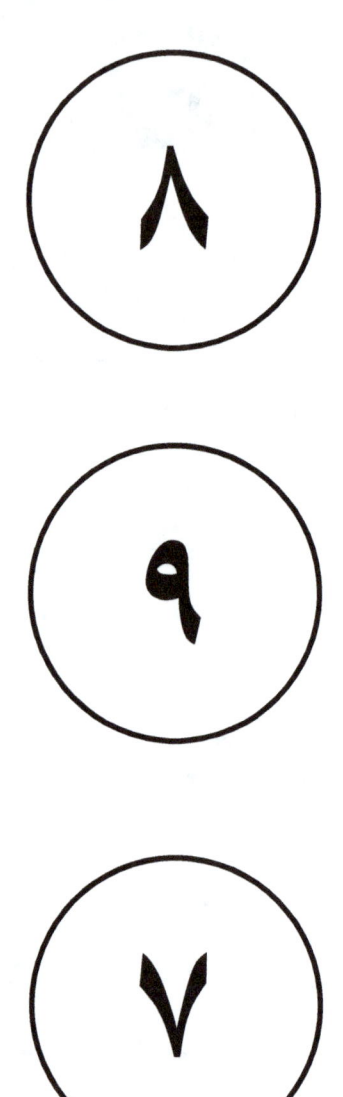

أقرأ ثم أرسم خط يصل بين الكلمة والعدد الصحيح لها

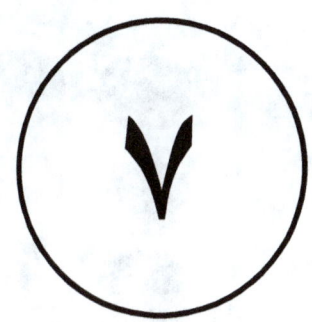

ثمانية	٧
تسعة	٨
سبعة	٩

أقرأ ثم أكتب الرقم

ثمانية

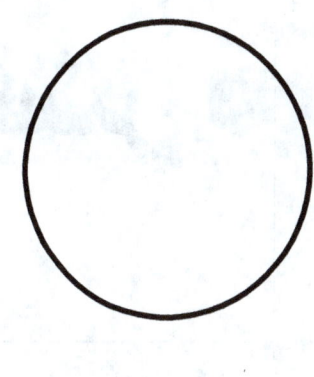

تسعة

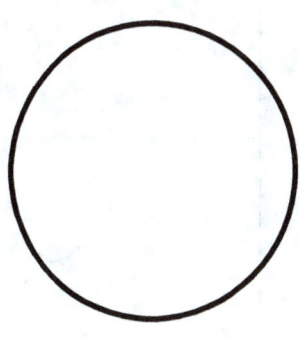

سبعة

أعد أقرأ ثم أتتبع

١٠

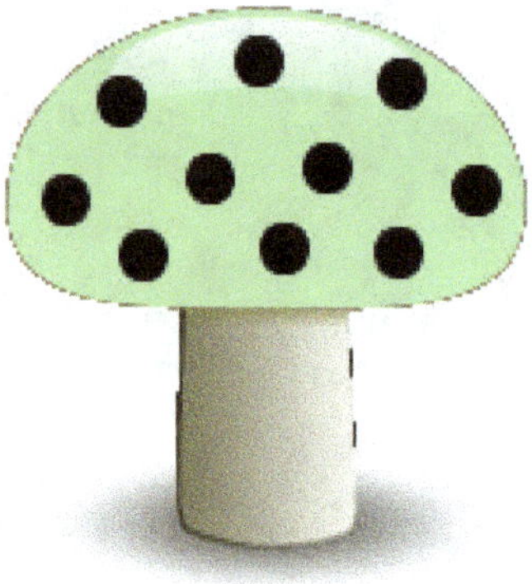

عشرة

١٠	عشرة
١٠	عشرة
١٠	عشرة
١٠	عشرة

	احد عشر	١١

١١	احد عشر
١١	احد عشر
١١	احد عشر
١١	احد عشر

أعد أقرأ ثم أتتبع

١٢

اثنا عشر

١٢	اثنا عشر
١٢	اثنا عشر
١٢	اثنا عشر
١٢	اثنا عشر

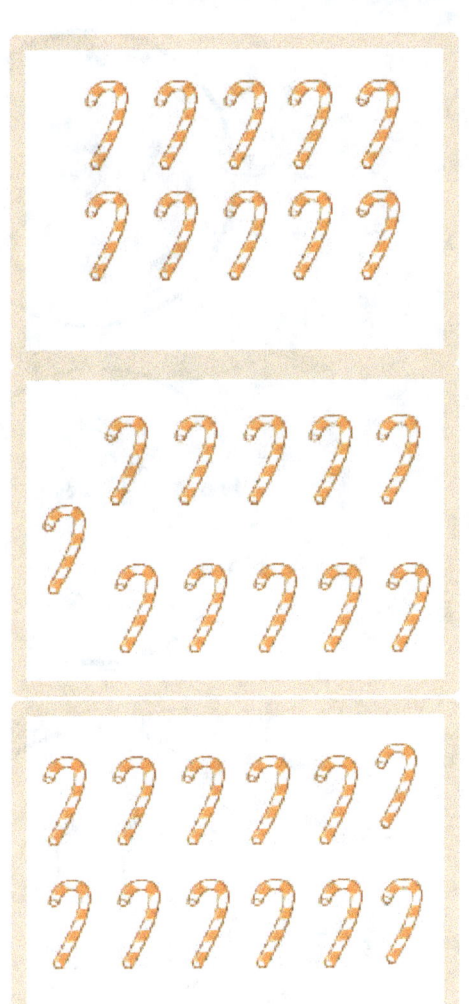

اثنا عشر

احد عشر

عشرة

أعد ثم أكتب الرقم

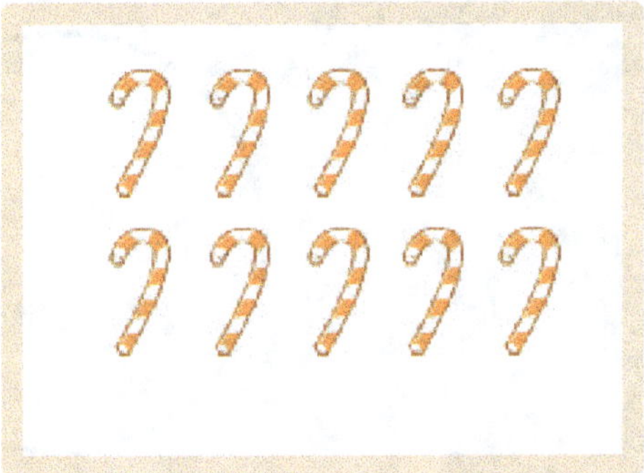

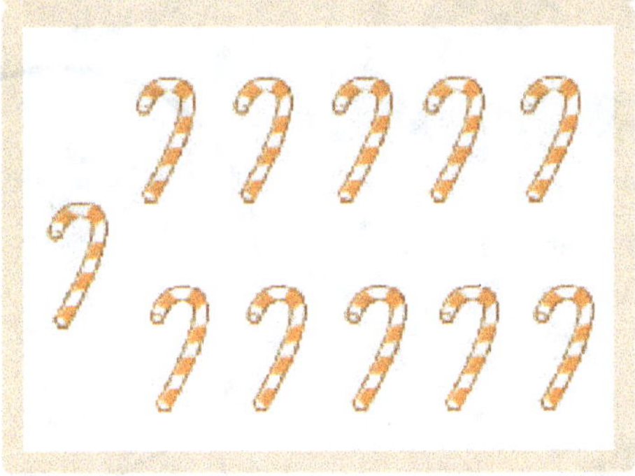

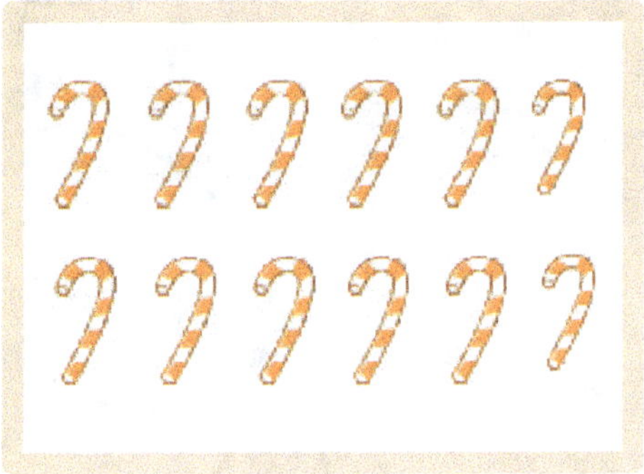

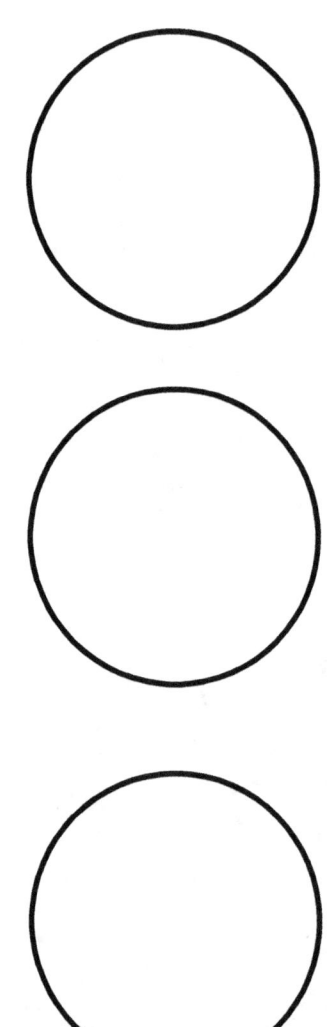

أقرأ ثم أكتب الرقم

اثنا عشر

احد عشر

عشرة

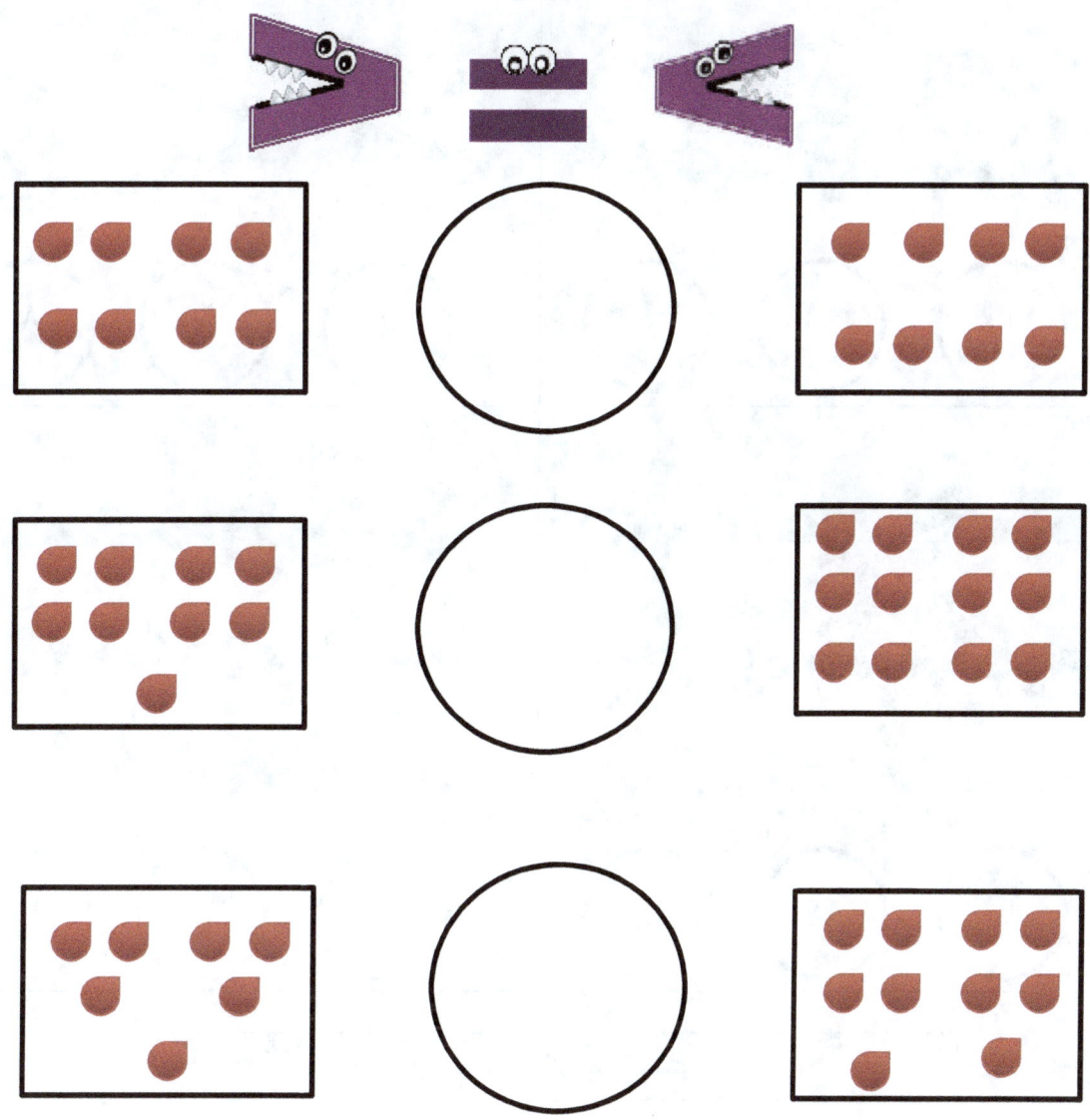

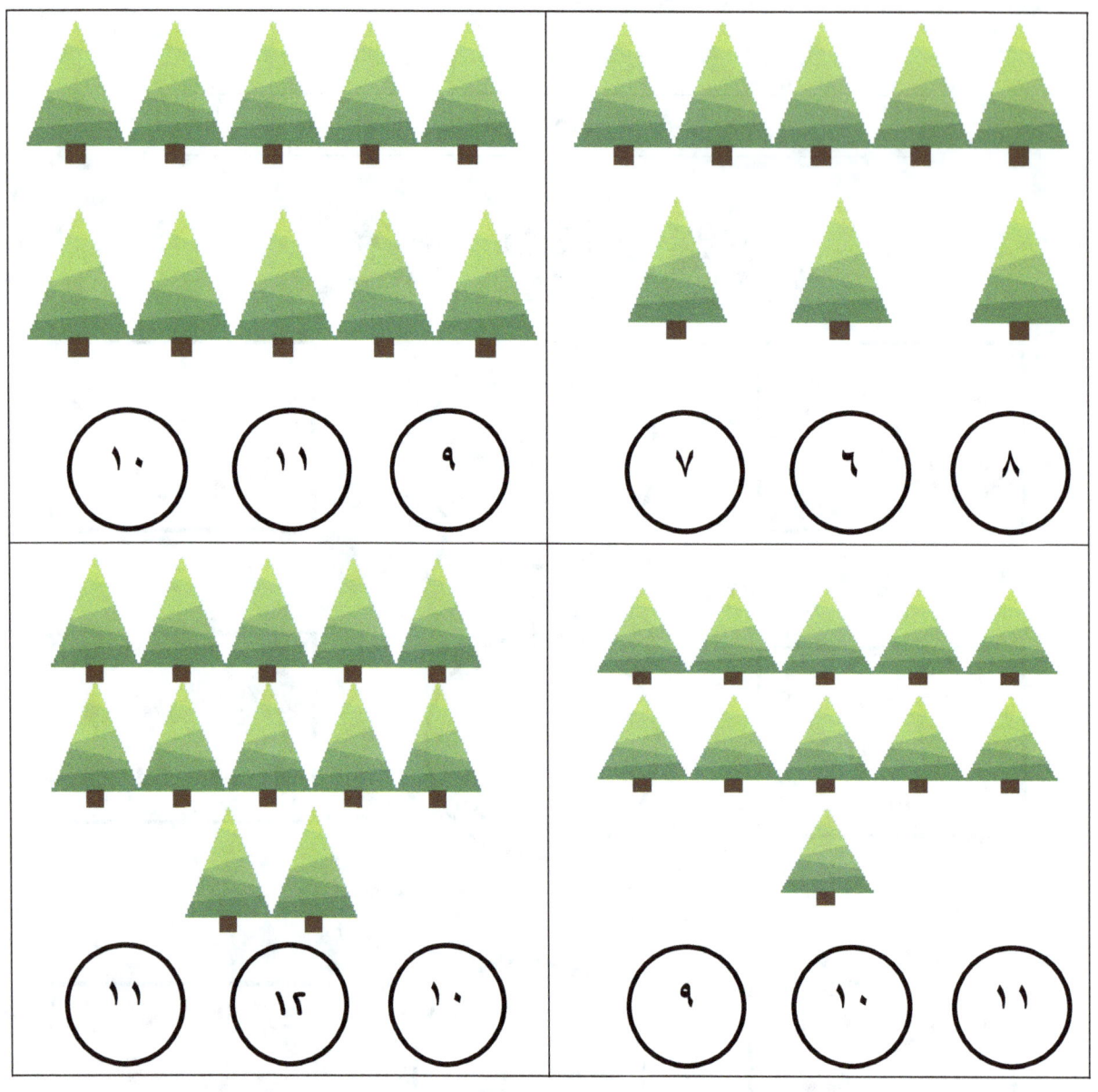

أعد ثم ألون الرقم الصحيح

احد عشر	٨
عشرة	١
سبعة	٩
ثمانية	٧
تسعة	١
اثنا عشر	١

أعد ثم أكتب الرقم

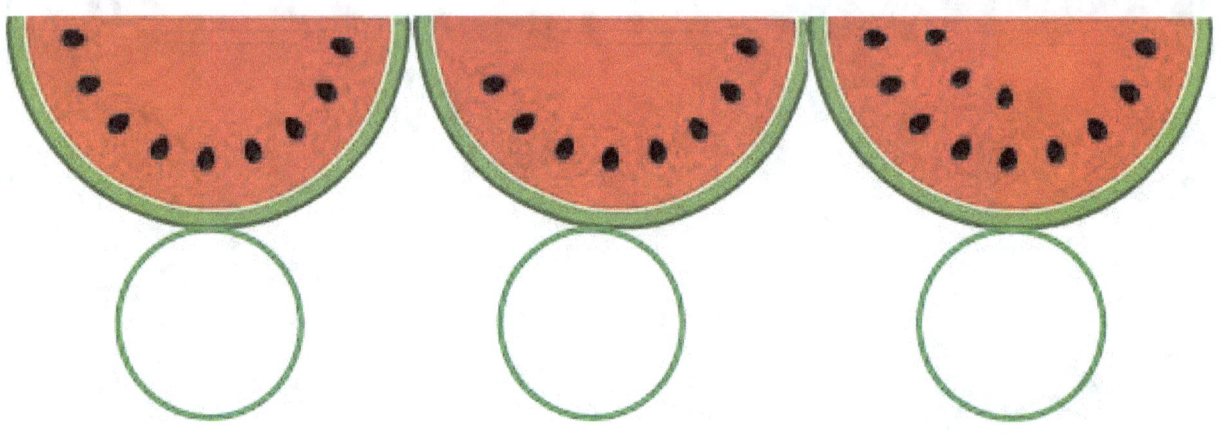

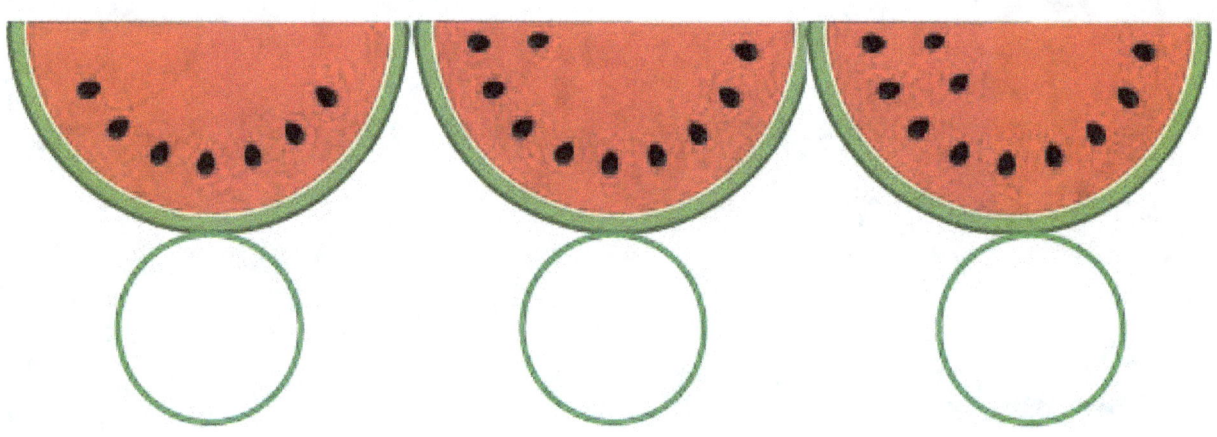

أعد أقرأ ثم أتتبع

١٣

ثلاثة عشر

١٣	ثلاثة عشر
١٣	ثلاثة عشر
١٣	ثلاثة عشر
١٣	ثلاثة عشر

أعد أقرأ ثم أتتبع

١٤	**أربعة عشر**
١٤	أربعة عشر
١٤	أربعة عشر
١٤	أربعة عشر
١٤	أربعة عشر

أعد أقرأ ثم أتتبع

خمسة عشر	١٥
خمسة عشر	١٥
خمسة عشر	١٥
خمسة عشر	١٥
خمسة عشر	١٥

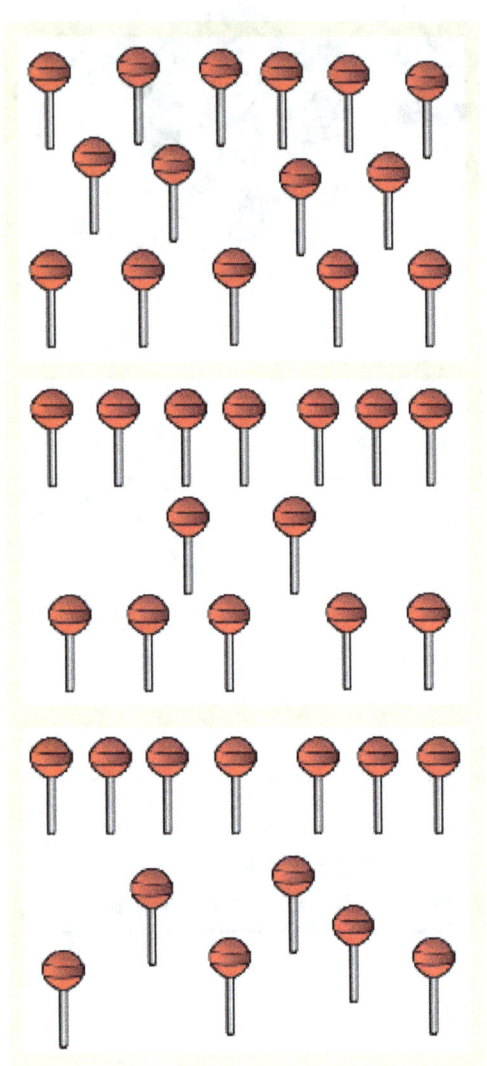

خمسة عشر

أربعة عشر

ثلاثة عشر

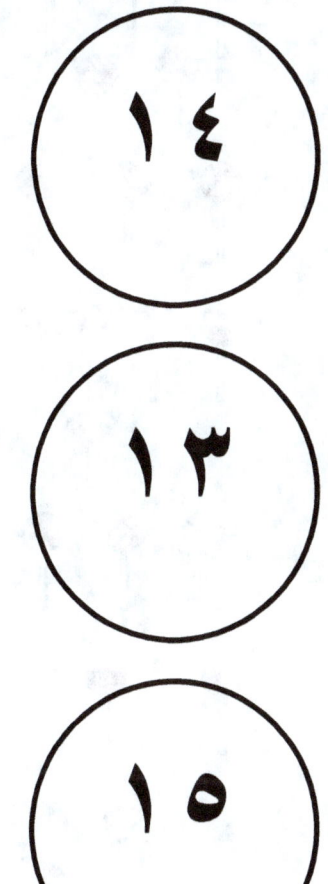

١٤

١٣

١٥

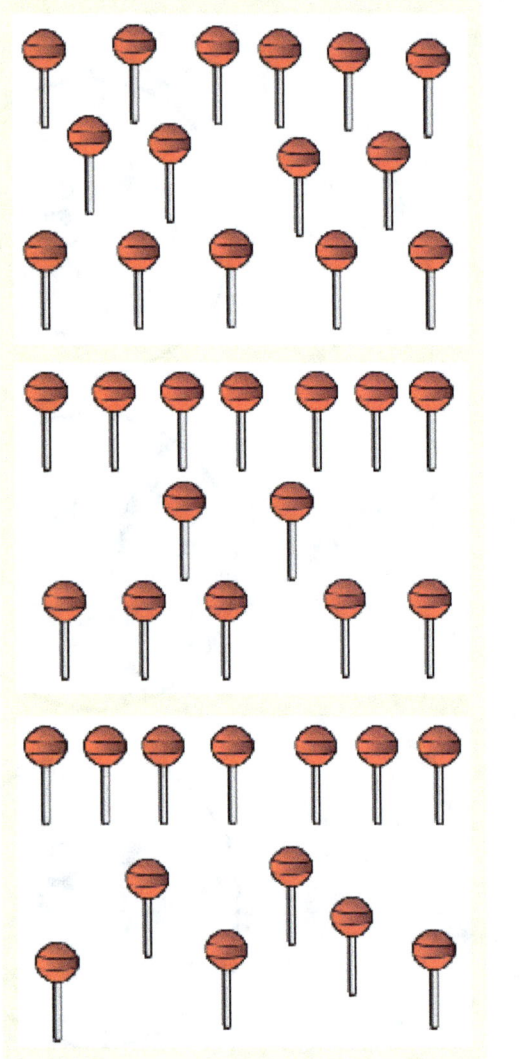

أقرأ ثم أكتب الرقم

خمسة عشر

أربعة عشر

ثلاثة عشر

أعد أقرأ ثم أتتبع

ستة عشر		١٦

ستة عشر	١٦
ستة عشر	١٦
ستة عشر	١٦
ستة عشر	١٦

أعد أقرأ ثم أتتبع

سبعة عشر ١٧

سبعة عشر	١٧
سبعة عشر	١٧
سبعة عشر	١٧
سبعة عشر	١٧

سبعة عشر	
أربعة عشر	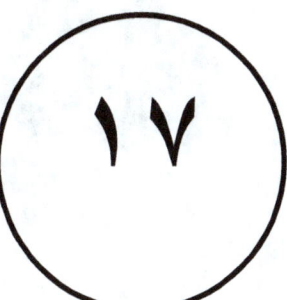
ستة عشر	

أعد ثم أكتب الرقم

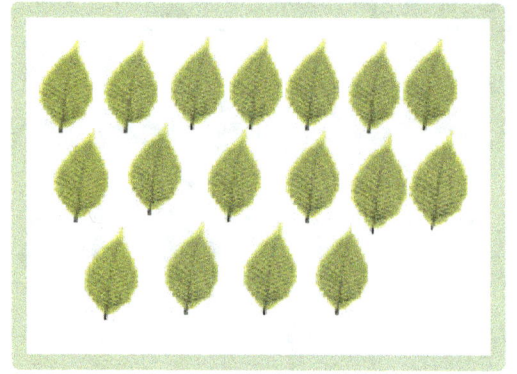

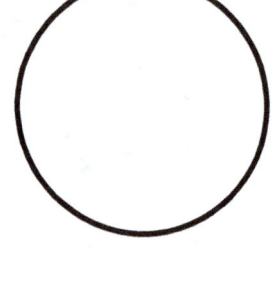

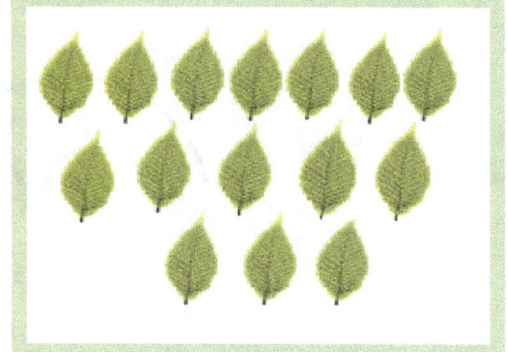

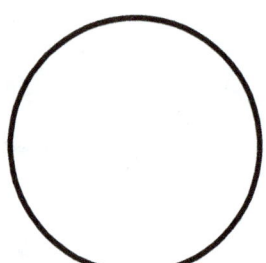

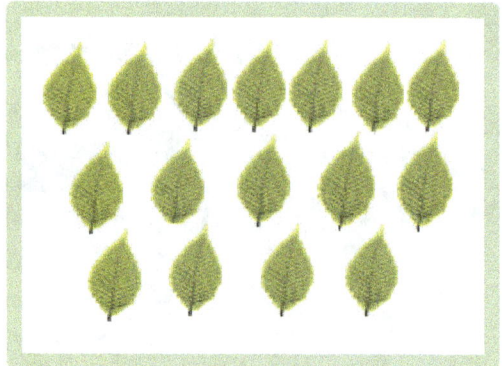

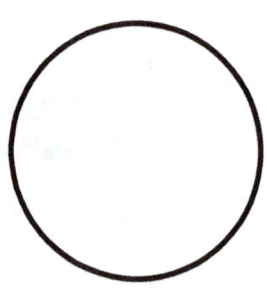

أقر ثم أكتب الرقم

سبعة عشر

أربعة عشر

ستة عشر

ضع إشارة أكبر من / أصغر من / أو يساوي

١٧		١٧
١٦		١٥
١٤		١٧

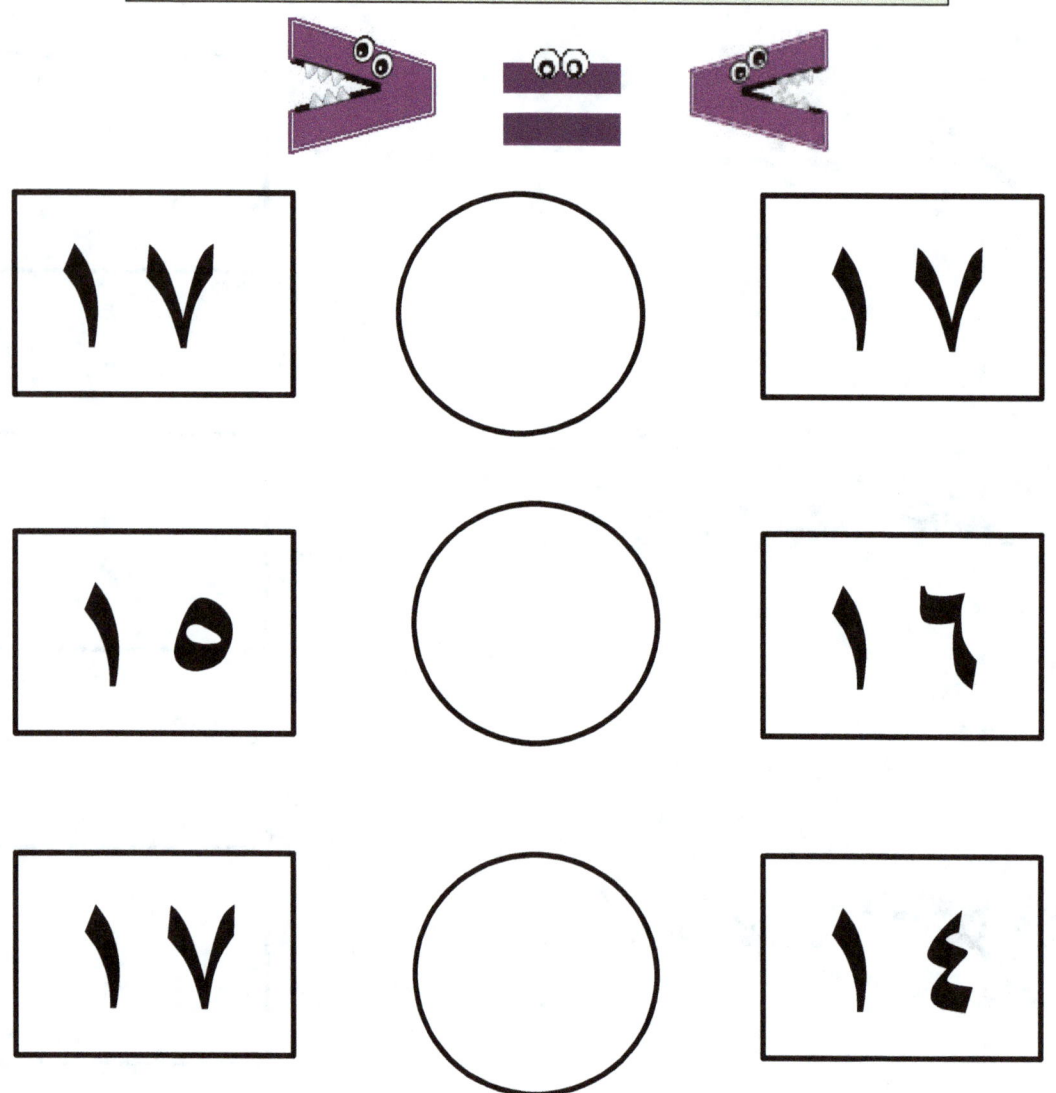

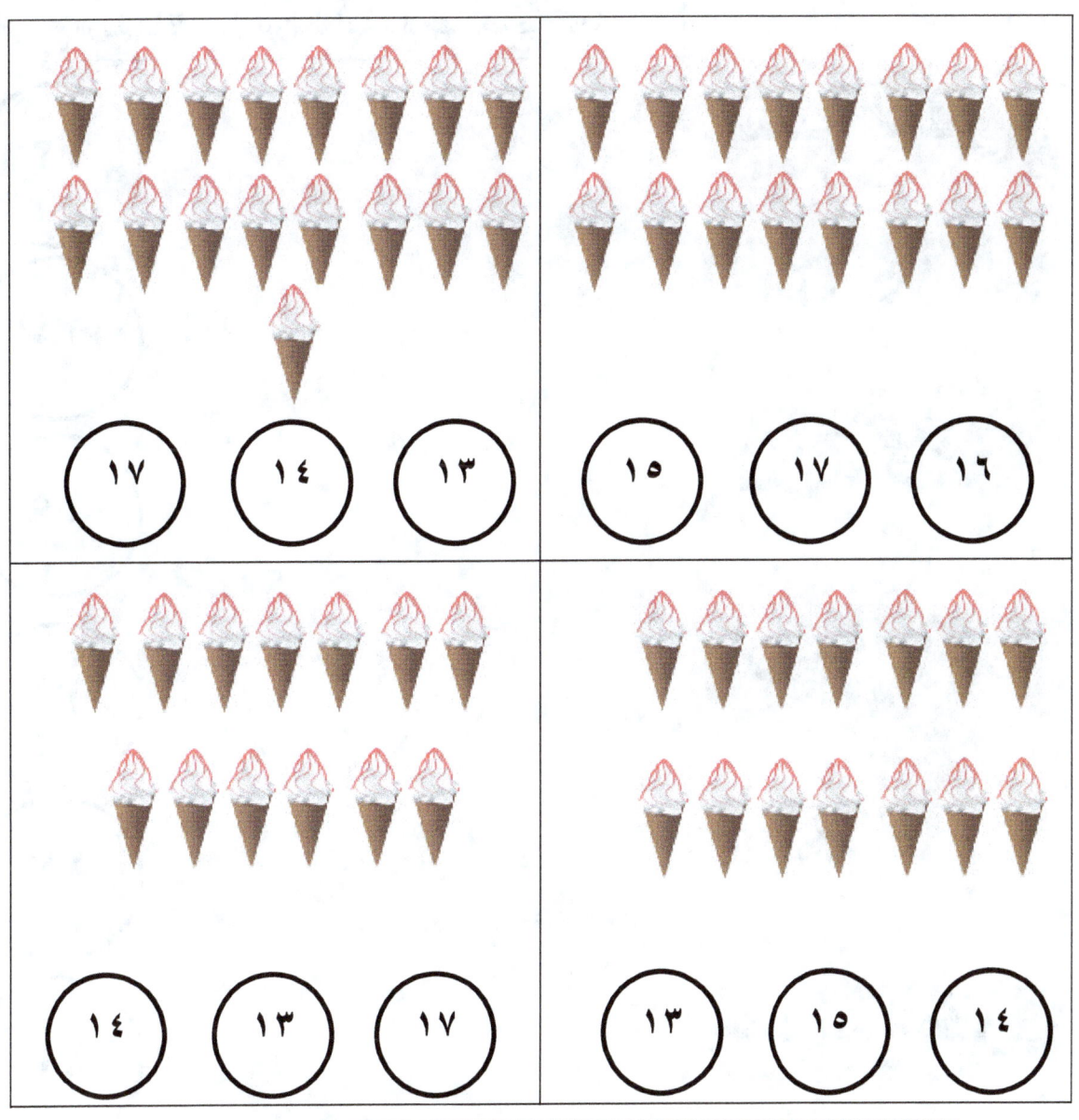

أعد ثم ألون الرقم الصحيح

أقرأ ثم أرسم خط يصل بين الكلمة والعدد الصحيح لها

١٣	ستة عشر
١٤	اثنا عشر
١٥	ثلاثة عشر
١٦	أربعة عشر
١٧	خمسة
١٢	سبعة عشر

أعد أقرأ ثم أتتبع

١٨		ثمانية عشر

١٨	ثمانية عشر
١٨	ثمانية عشر
١٨	ثمانية عشر
١٨	ثمانية عشر

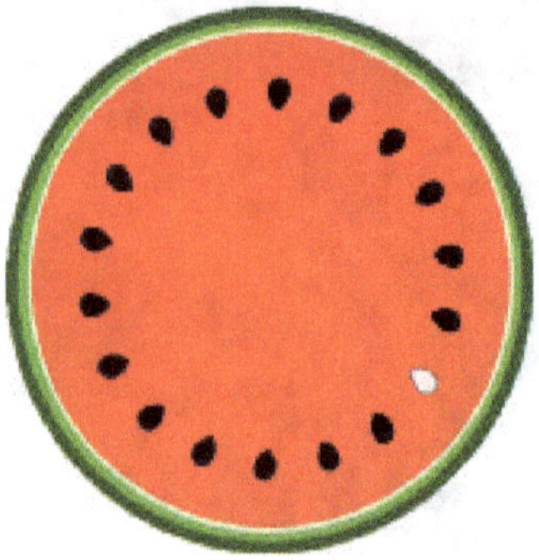

أعد أقرأ ثم أتتبع

١٩		تسعة عشر
١٩		تسعة عشر
١٩		تسعة عشر
١٩		تسعة عشر
١٩		تسعة عشر

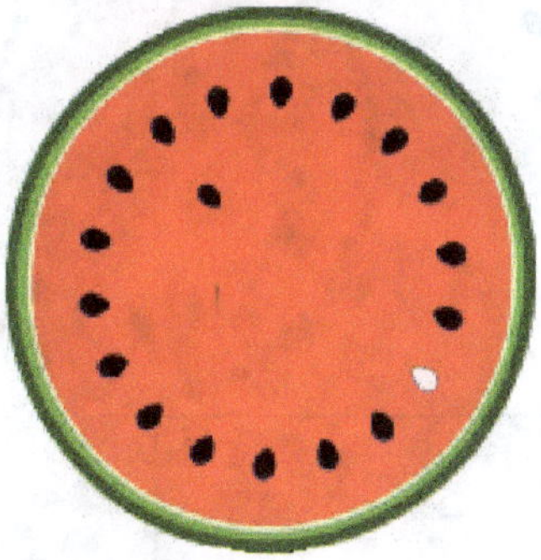

أعد أقرأ ثم أتتبع

٢٠		عشرون
٢٠		عشرون
٢٠		عشرون
٢٠		عشرون
٢٠		عشرون

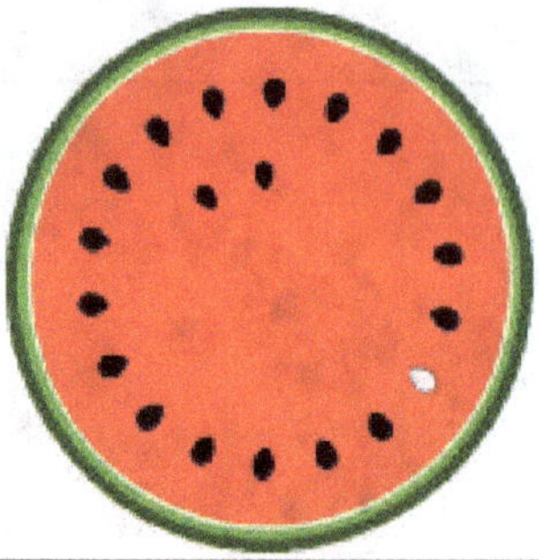

أقرأ ثم أرسم خط يصل بين الكلمة والعدد الصحيح لها

٢٠	ثمانية عشر
١٩	عشرون
١٨	تسعة عشر

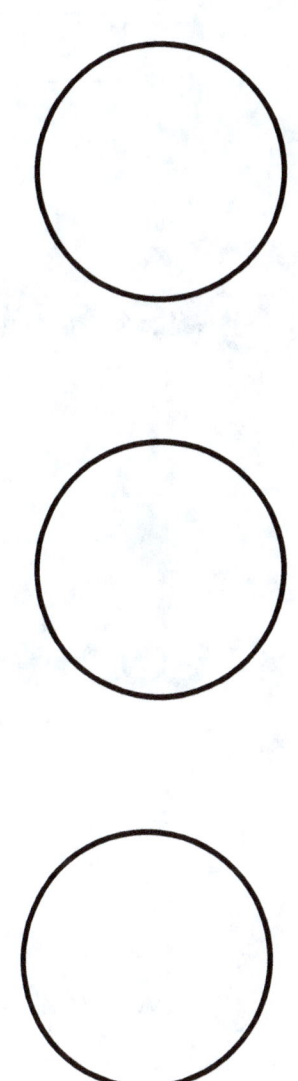

أقرأ ثم أكتب الرقم

ثمانية عشر

عشرون

تسعة عشر

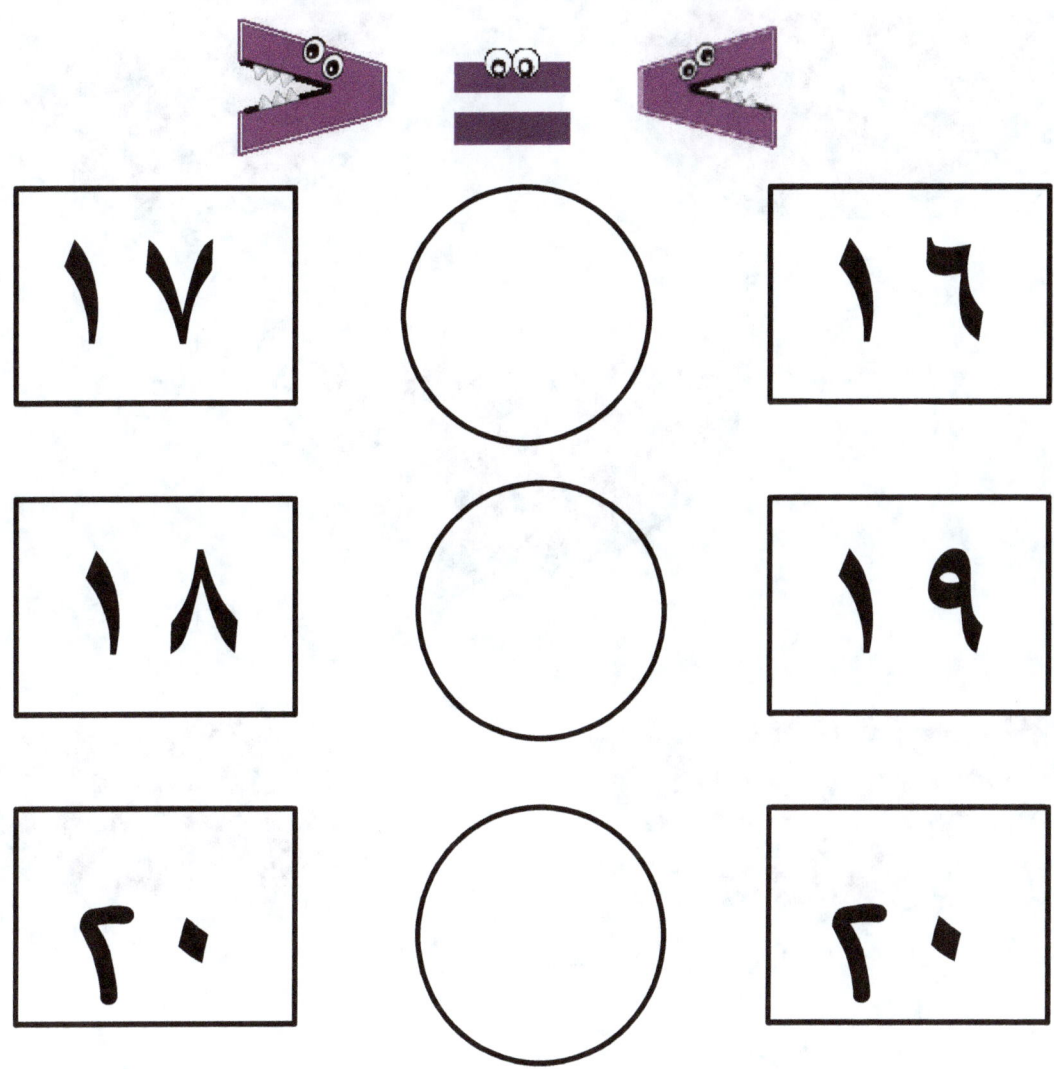

أعد ثم أكتب الرقم

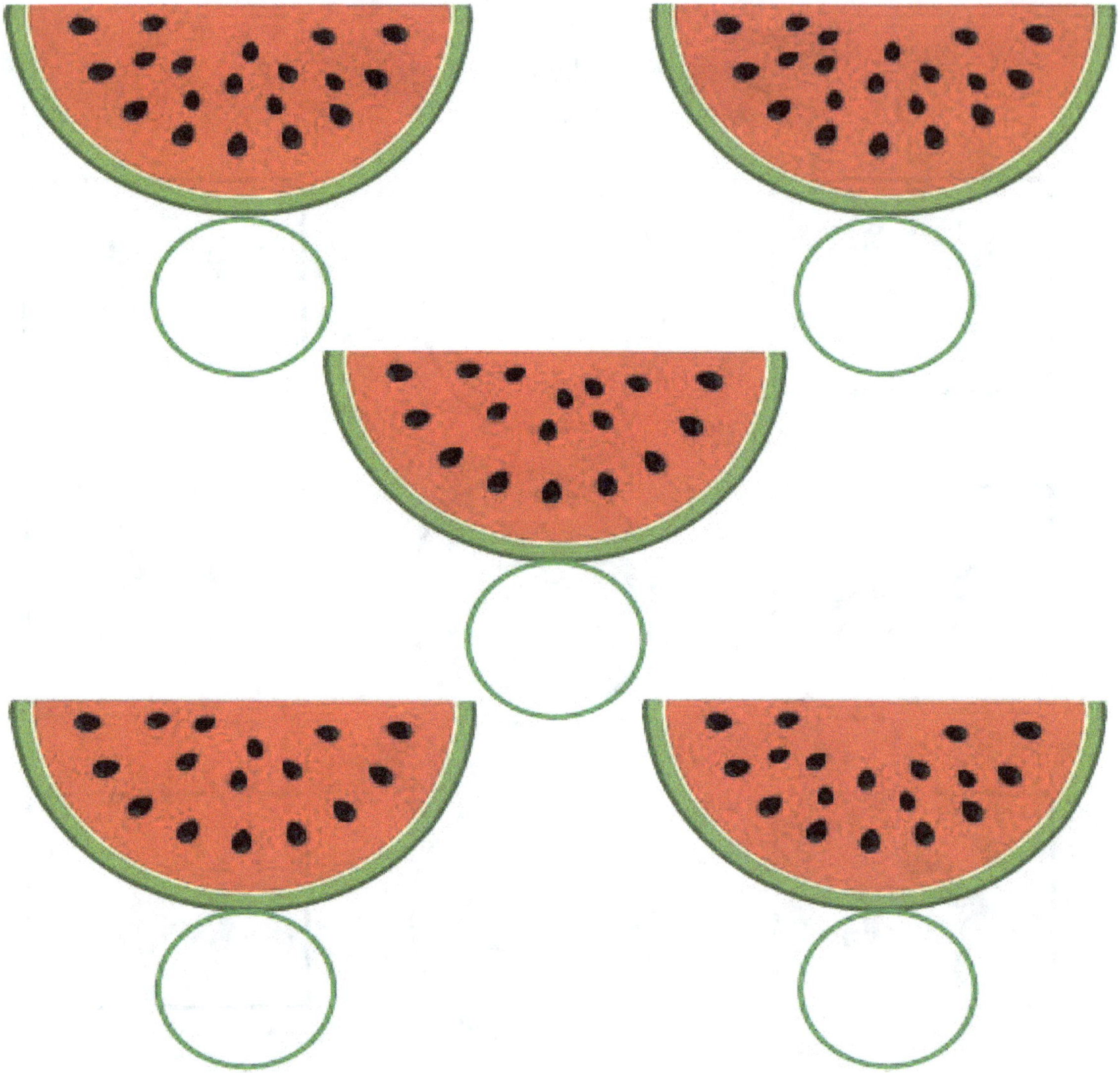

تتبع

٥	٤	٣	٢	١
١٠	٩	٨	٧	٦
١٥	١٤	١٣	١٢	١١
٢٠	١٩	١٨	١٧	١٦

أكمل الجدول

٥		٣		١
١٠		٨		٦
١٥		١٣		١١
٢٠		١٨		١٦

الجمع

أعد و أجمع ثم أكتب الرقم

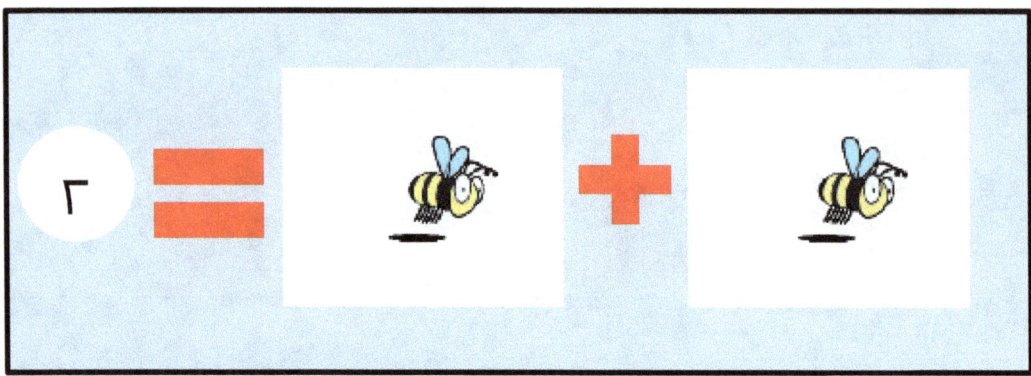

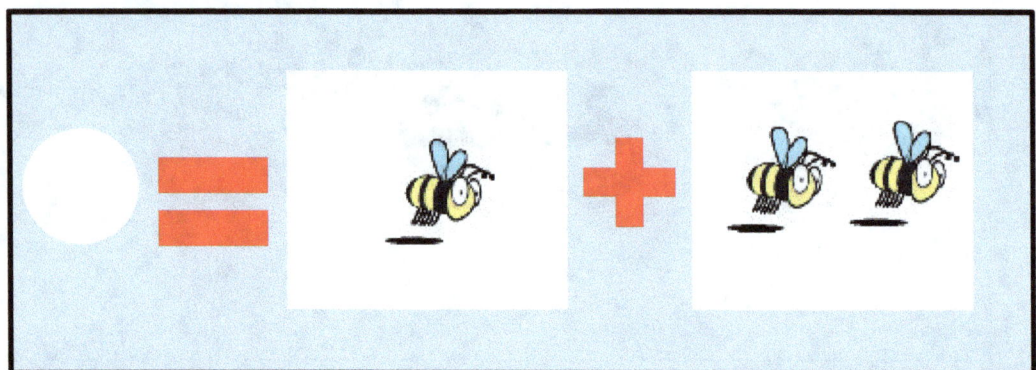

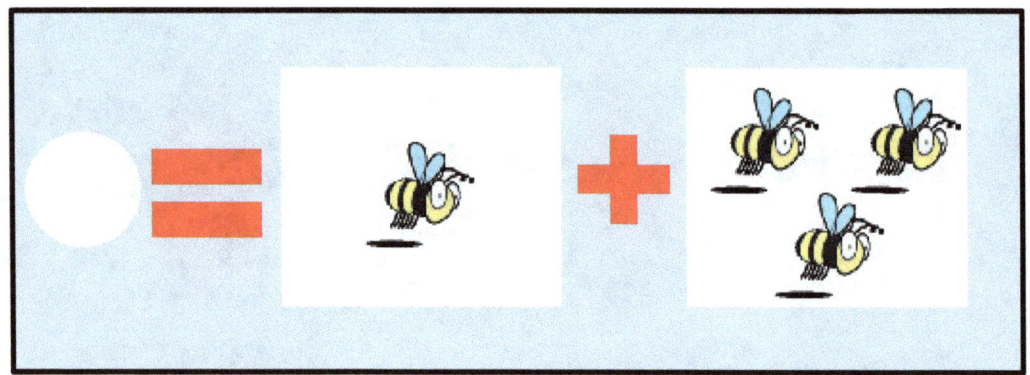

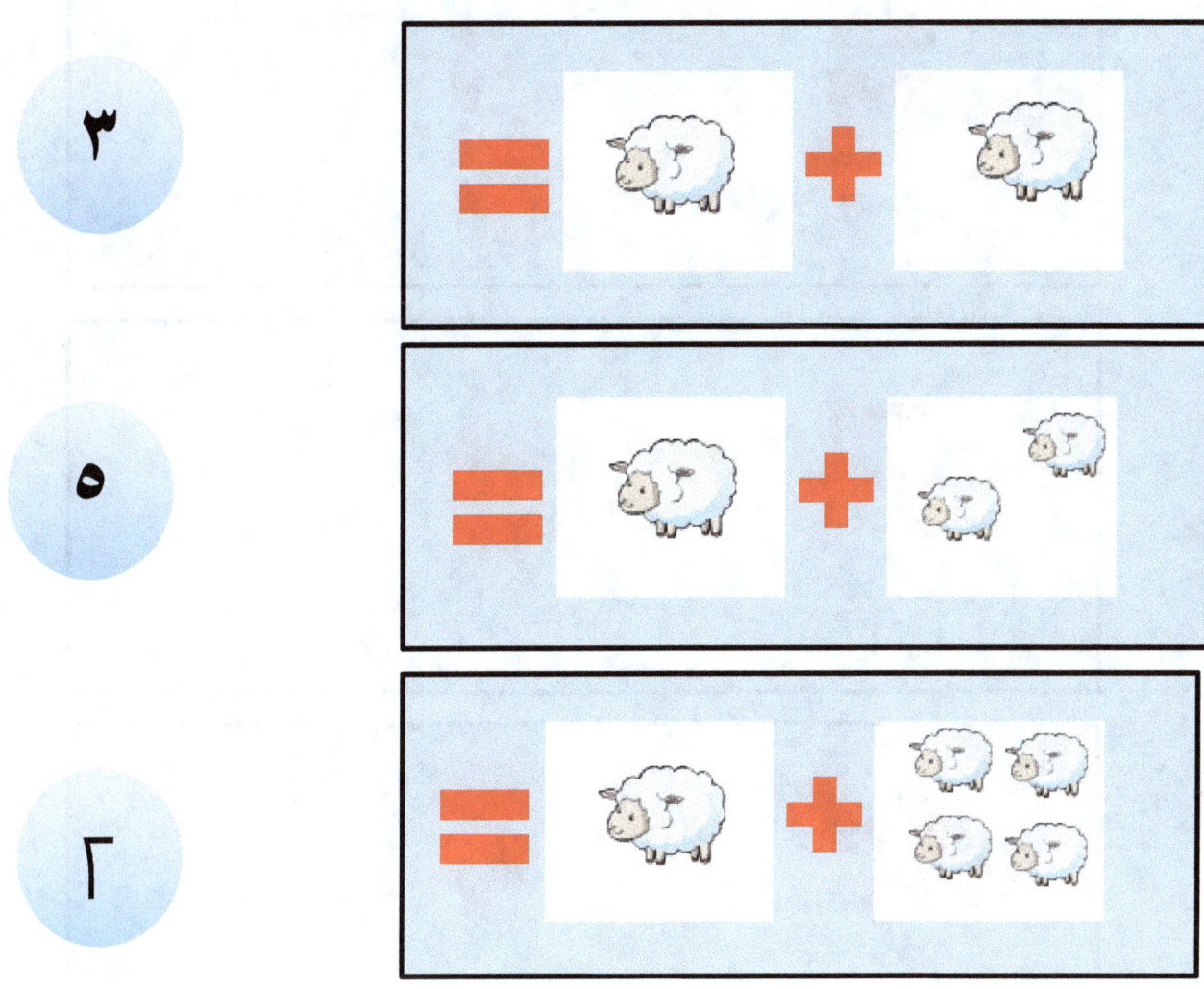

أعد و أجمع ثم أكتب الرقم

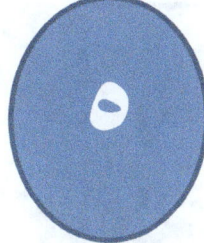

أجمع ثم أرسم خط يصل بالعدد الصحيح

١ + ٢ =	٥
١ + ١ =	٣
١ + ٣ =	٢
١ + ٤ =	٤

أعد و أجمع ثم أكتب الرقم

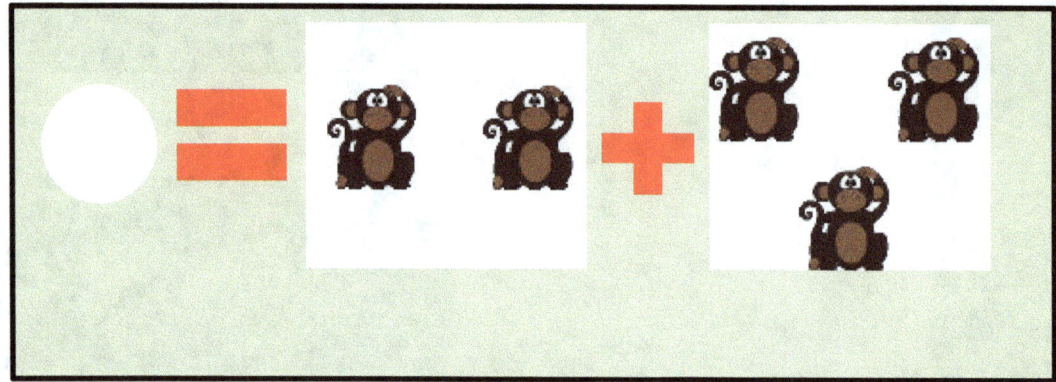

أعد و أجمع ثم أكتب الرقم

أجمع ثم أرسم خط يصل بالعدد الصحيح

٣ + ٢ =	٦
٢ + ١ =	٣
٤ + ٢ =	٤
٢ + ٢ =	٥

أعد و أجمع ثم أكتب الرقم

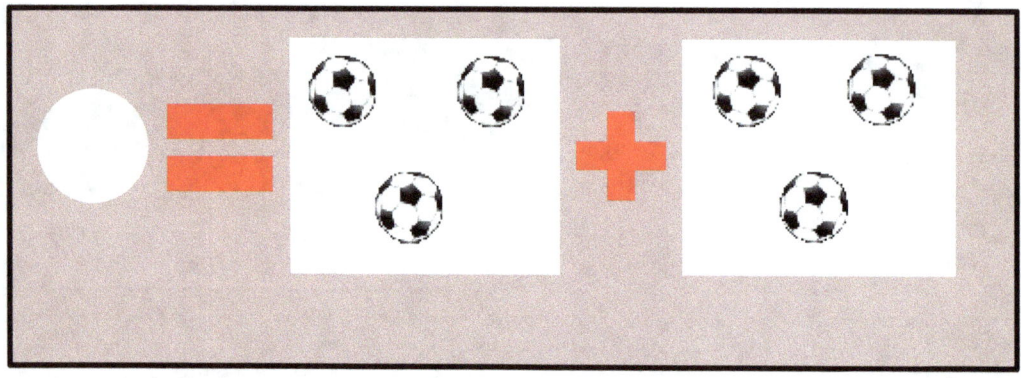

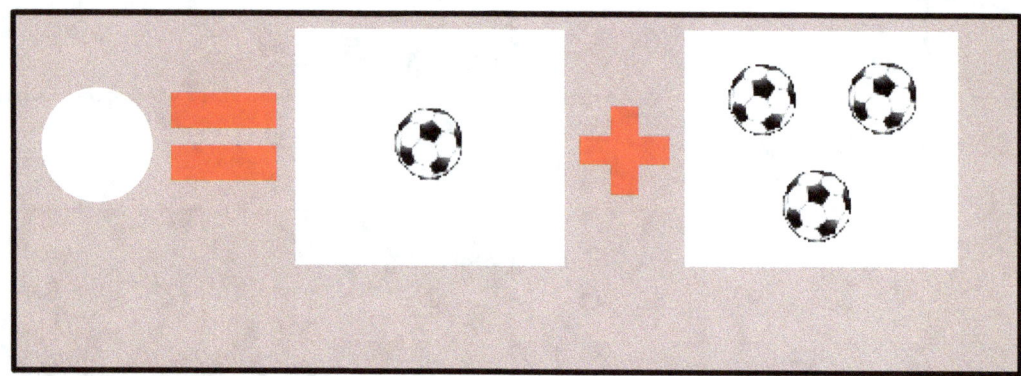

أجمع ثم ارسم خط يصل بين الصورة والعدد الصحيح

٥

٦

٤

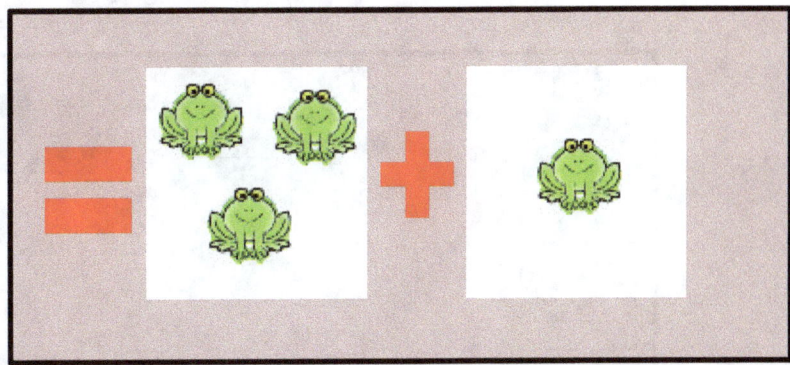

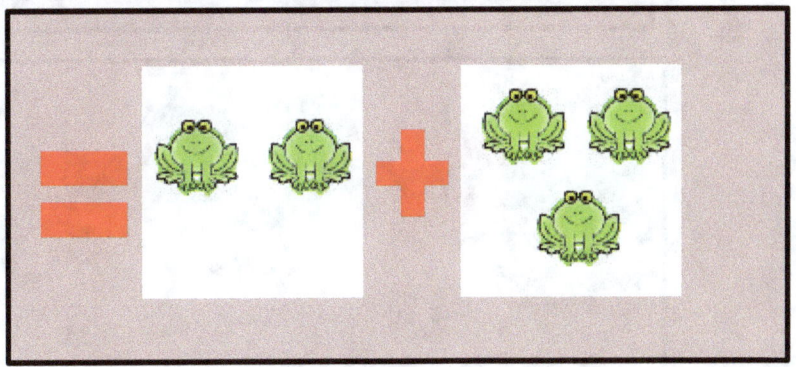

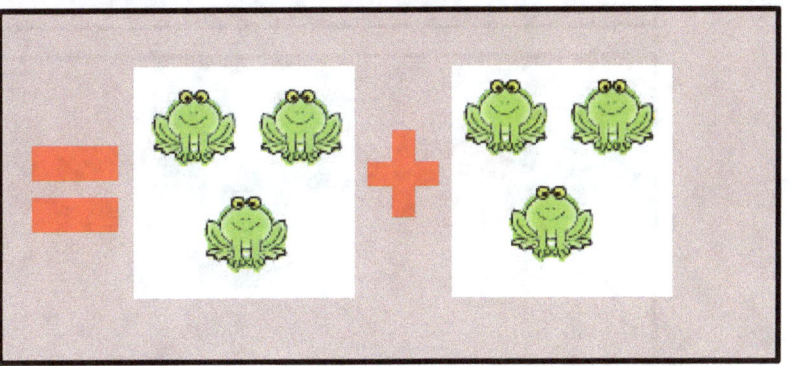

أعد و أجمع ثم أكتب الرقم

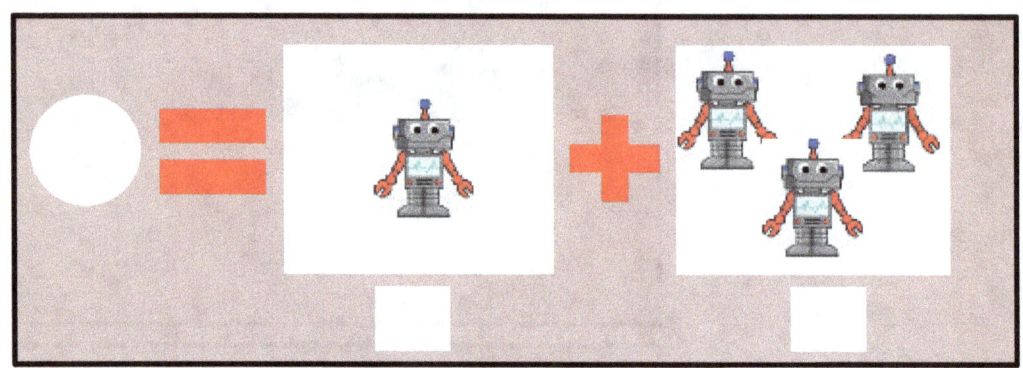

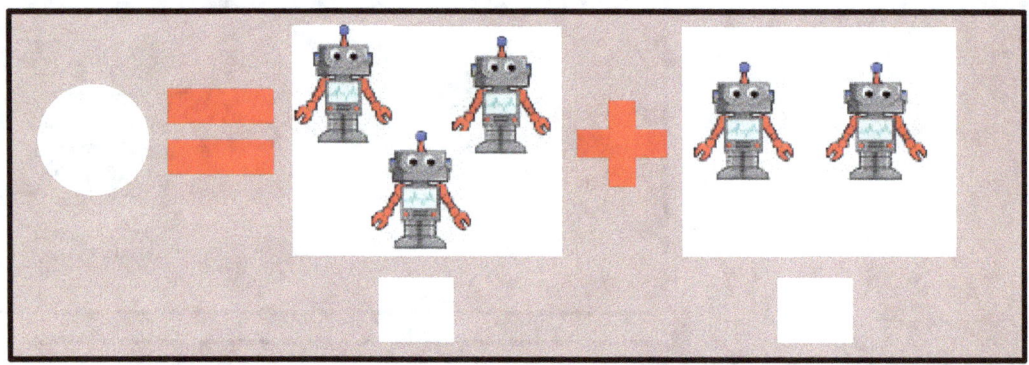

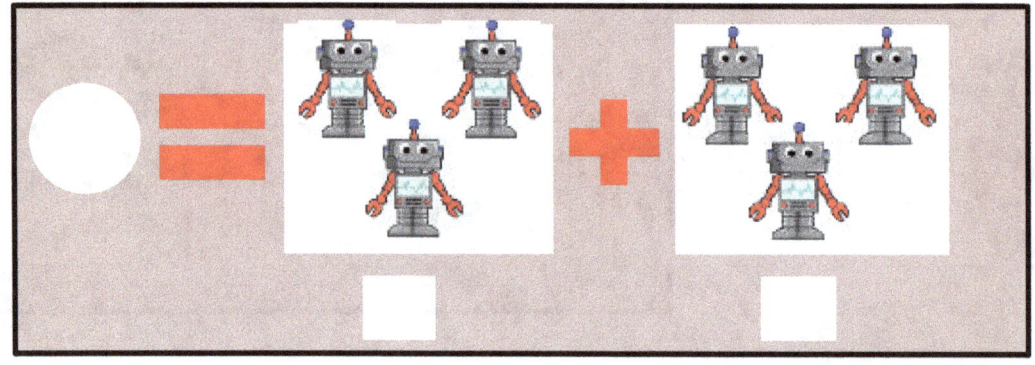

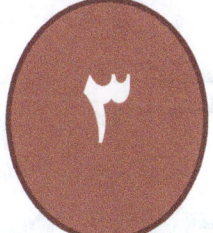

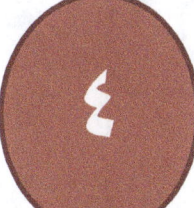

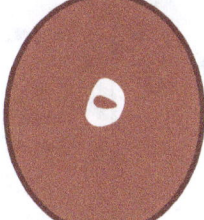

أجمع ثم أرسم خط يصل بالعدد الصحيح

٣ + ٢ =

١ + ٣ =

٣ + ٣ =

١ + ٢ =

٦

٣

٤

٥

أعد و أجمع ثم أكتب الرقم

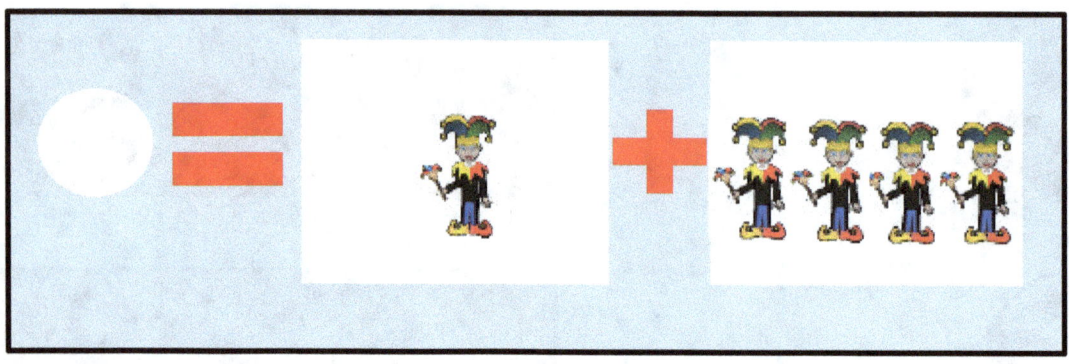

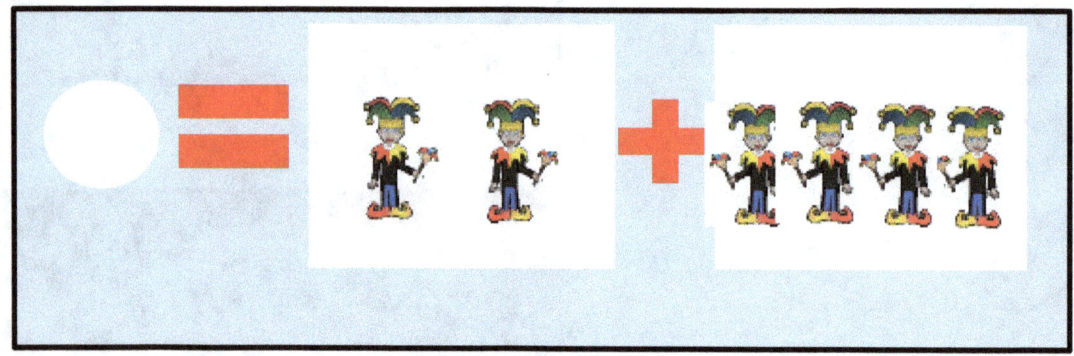

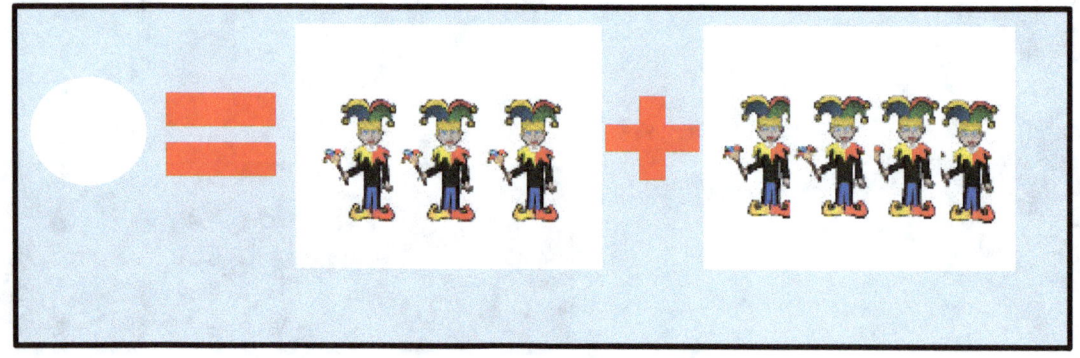

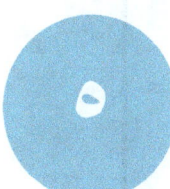

أعد و أجمع ثم أكتب الرقم

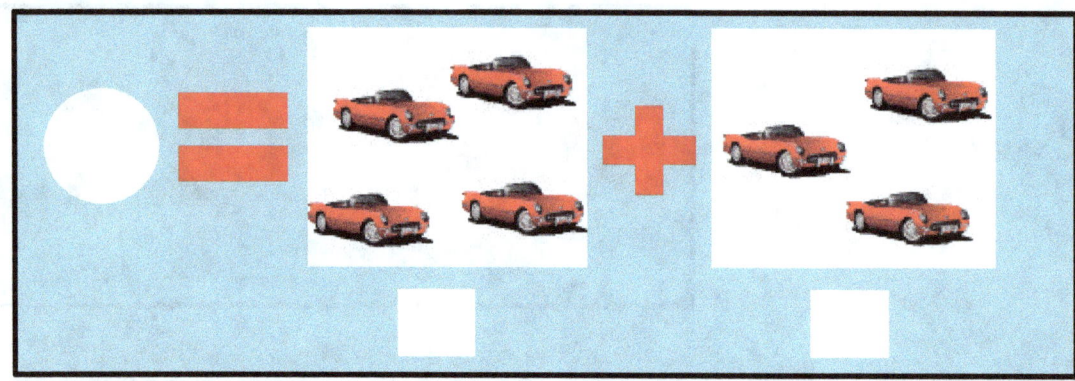

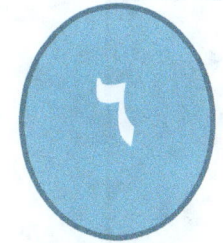

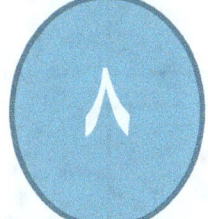

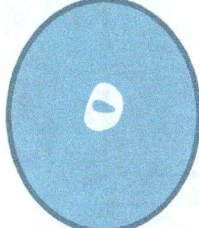

أجمع ثم أرسم خط يصل بالعدد الصحيح

٤ + ٢ =

١ + ٤ =

٣ + ٤ =

٤ + ٤ =

٦

٨

٥

٧

أعد و أجمع ثم أكتب الرقم

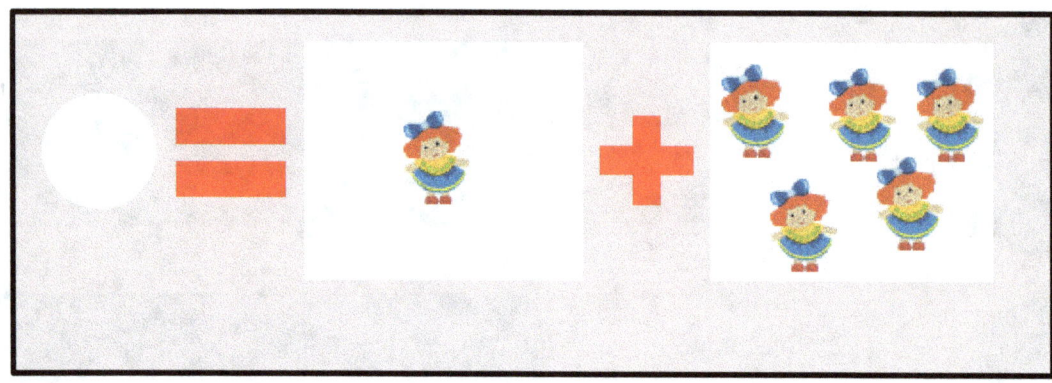

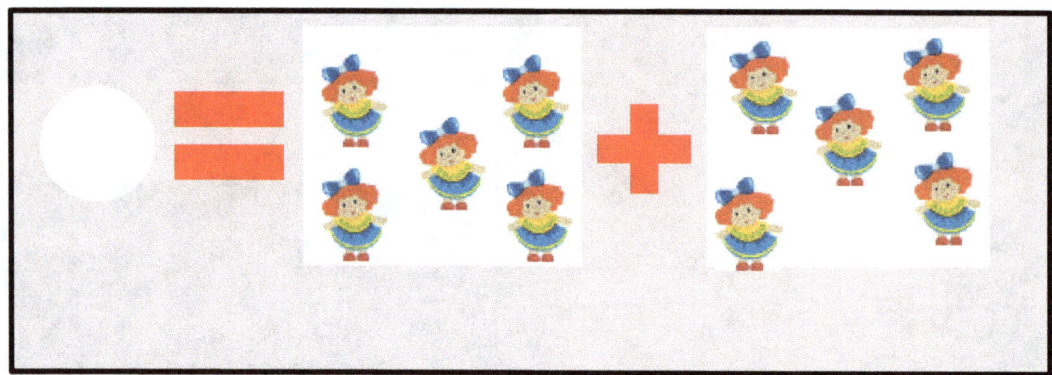

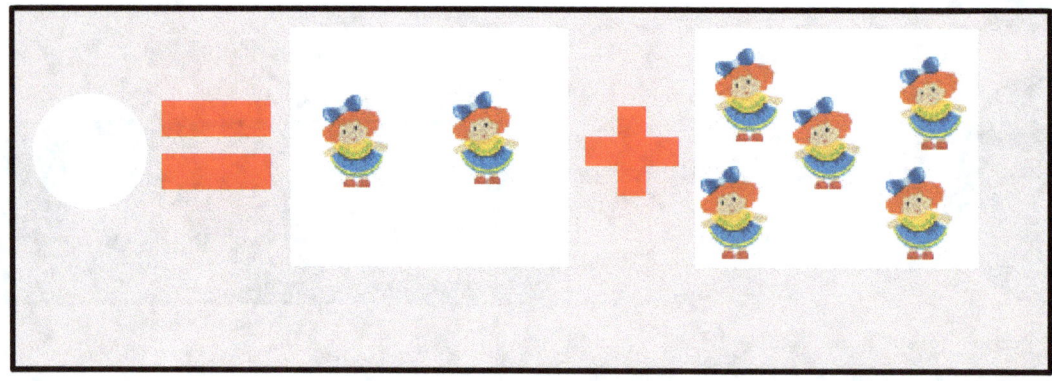

أعد و أجمع ثم أكتب الرقم

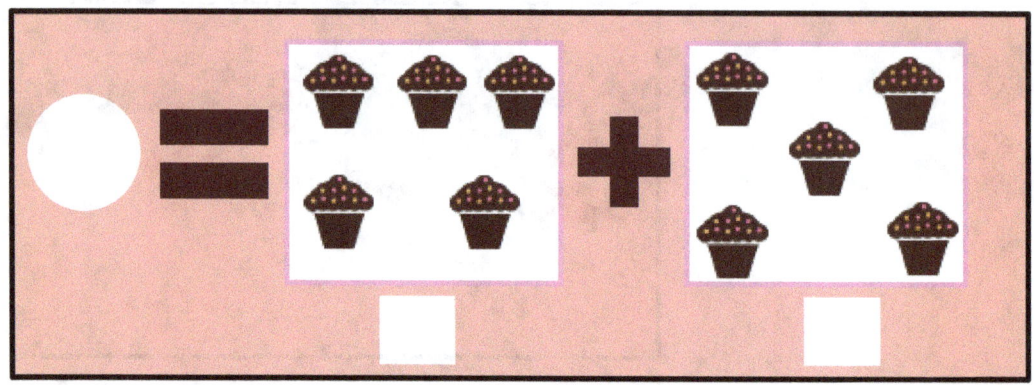

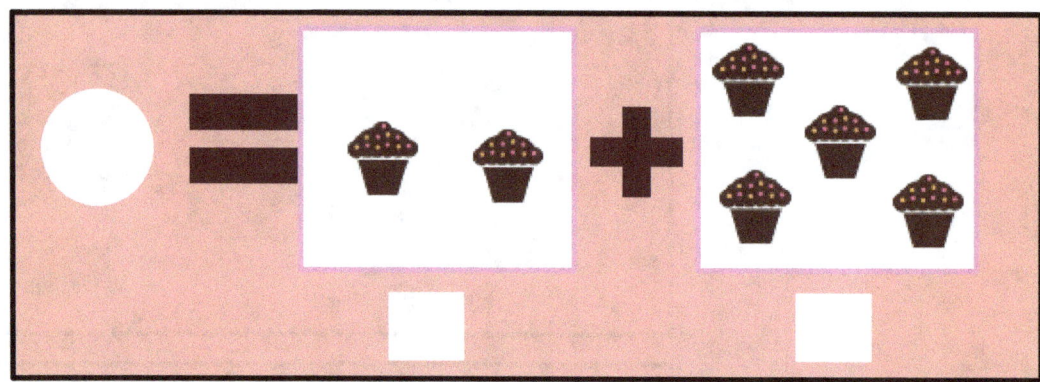

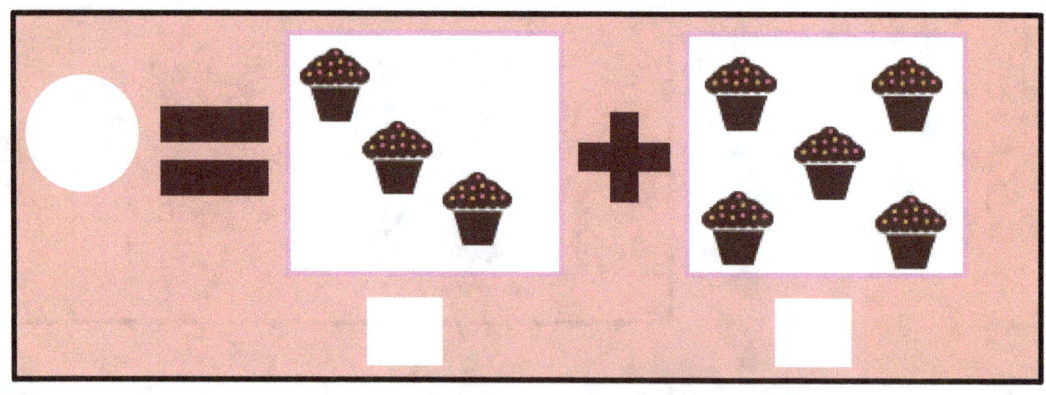

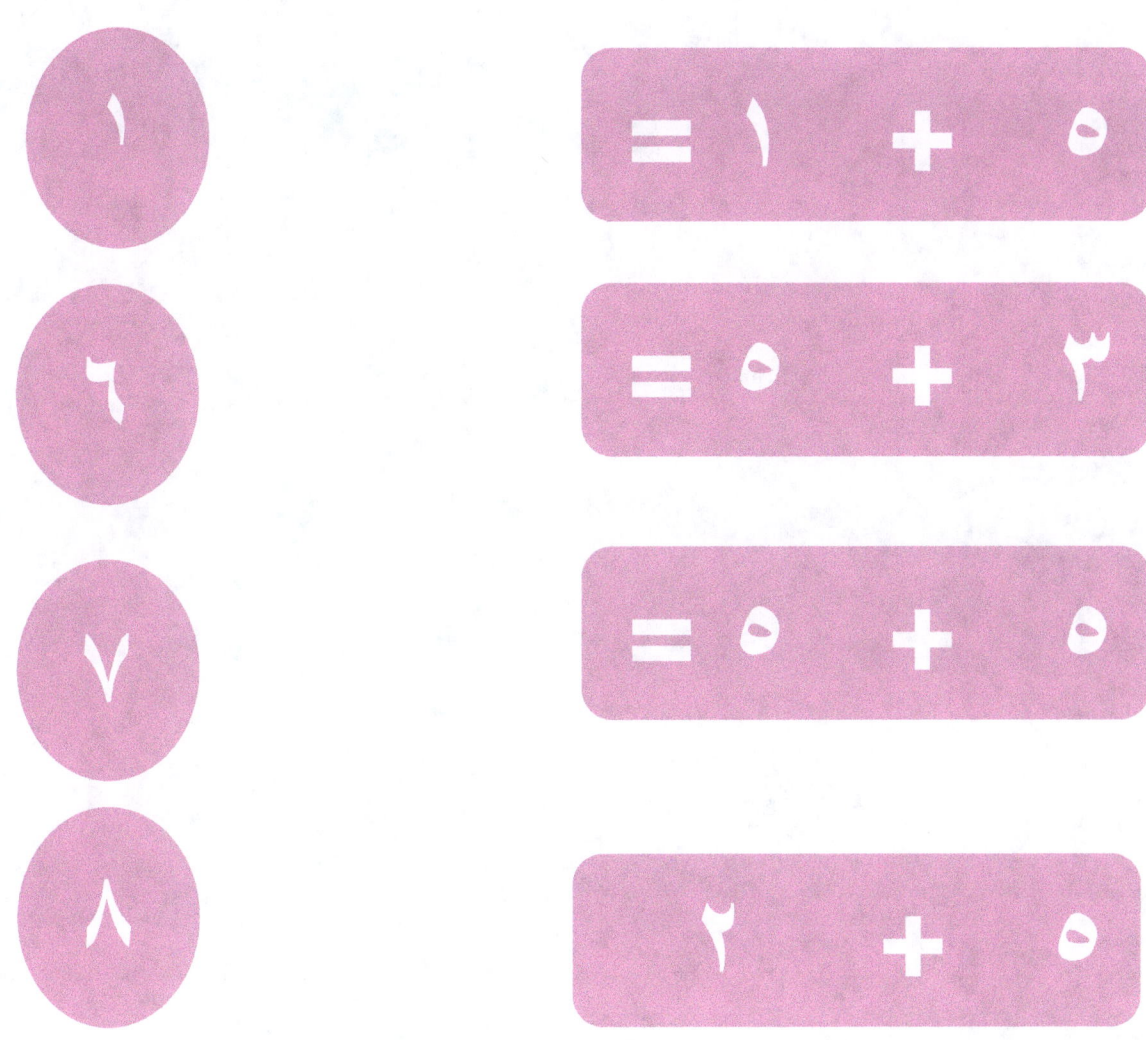

أجمع ثم أرسم خط يصل بالعدد الصحيح

٥ + ١ =	١
٣ + ٥ =	٦
٥ + ٥ =	٧
٥ + ٢	٨